计算机中文信息处理规范和应用指南

蒋贤春　翟喜奎　主编

 國家圖書館出版社

图书在版编目(CIP)数据

计算机中文信息处理规范和应用指南/蒋贤春,翟喜奎主编. —北京:国家图书馆出版社,
2012.11

(国家数字图书馆工程标准规范成果)

ISBN 978 - 7 - 5013 - 4871 - 8

Ⅰ.①计…　Ⅱ.①蒋…　②翟…　Ⅲ.①汉字信息处理系统　Ⅳ.①TP391.12

中国版本图书馆 CIP 数据核字(2012)第 231159 号

责任编辑:高爽

书名	计算机中文信息处理规范和应用指南
著者	蒋贤春　翟喜奎　主编
出版	国家图书馆出版社(100034 北京市西城区文津街 7 号)
	(原北京图书馆出版社)
发行	010 - 66114536　66126153　66151313　66175620
	66121706(传真),66126156(门市部)
E - mail	btsfxb@ nlc. gov. cn(邮购)
Website	www. nlcpress. com→投稿中心
经销	新华书店
印刷	北京科信印刷有限公司
开本	787 × 1092(毫米)　1/16
印张	7.25
版次	2012 年 11 月第 1 版　2012 年 11 月第 1 次印刷
字数	100(千字)
书号	ISBN 978 - 7 - 5013 - 4871 - 8
定价	58.00 元

丛书编委会

主　编：国家图书馆

编委会：

　　主　任：周和平

　　执行副主任：詹福瑞

　　副主任：陈　力　魏大威

　　成　员（按姓氏拼音排名）：卜书庆　贺　燕　蒋宇弘
　　　　　　　梁蕙玮　龙　伟　吕淑萍　申晓娟　苏品红
　　　　　　　汪东波　王文玲　王　洋　杨东波　翟喜奎
　　　　　　　赵　悦　周　晨

本书编委会

主　编：蒋贤春　翟喜奎

编　委：郑　珑　朱人杰　蓝　飞　谢术清　郭胜霞　张秀欣
　　　　富　平　毛雅君　胡昱晓　李　杉　赵　悦

总　序

　　数字图书馆涵盖多个分布式、超大规模、可互操作的异构多媒体资源库群,面向社会公众提供全方位的知识服务。它既是知识网络,又是知识中心,同时也是一套完整的知识定位系统,并将成为未来社会公共信息的中心和枢纽。数字图书馆建设的最终目标是实现对人类知识的普遍存取,使任何群体、任何个人都能与人类知识宝库近在咫尺,随时随地从中受益,从而最终消除人们在信息获取方面的不平等。"国家图书馆二期工程暨国家数字图书馆工程"是国家"十五"重点文化建设项目,由国家图书馆主持建设,其中国家数字图书馆工程的建设内容主要包括硬件基础平台、数字图书馆应用系统和数字图书馆标准规范体系。

　　标准规范作为数字图书馆建设的基础,是开发利用与共建共享资源的基本保障,是保证数字图书馆的资源和服务在整个数字信息环境中可利用、可互操作和可持续发展的基础。因此,在数字图书馆建设中,应坚持标准规范建设先行的原则。国家数字图书馆标准规范体系建设围绕数字资源生命周期为主线进行构建,涉及数字图书馆建设过程中所需要的主要标准,涵盖数字内容创建、数字对象描述、数字资源组织管理、数字资源服务、数字资源长期保存五个环节,共计三十余项标准。

　　在国家数字图书馆标准规范建设中,国家图书馆本着合作、开放、共建的原则,引入有相关标准研制及实施经验的文献信息机构、科研机构以及企业单位承担标准规范的研制工作,这就使得国家数字图书馆标准规范的研制能够充分依托国家图书馆及各研制单位数字图书馆建设的实践与研究,使国家数字图书馆的标准规范成果具有广泛的开放性与适用性。本次出版的系列成果均经过国家图书馆验收、网上公开质询以及业界专家验收等多个验收环节,确保了标准规范成果的科学性及实用性。

　　目前,国内数字图书馆标准规范尚处于研究与探索性应用阶段,国家图书馆担负的职责与任务决定了我们在数字图书馆标准规范建设方面具有的责任。此次将国家数字图书馆工程标准规范研制成果付梓出版,将为其他图书馆、数字图书馆建设及相关行业数字资源建设与服务提供建设规范依据,对于推广国家数字图书馆建设成果,提高我国数字图书馆建设标准化水平,促进数字资源与服务的共建共享具有重要意义。

国家图书馆馆长　周和平
2010 年 8 月

目　　录

前　言

本标准规范是国家数字图书馆工程标准规范项目研制成果之一。

本标准规范由国家图书馆提出,委托北京中易中标电子信息技术有限公司研制。

本标准规范由北京中易中标电子信息技术有限公司起草,主要起草人为:蒋贤春、郑珑、朱人杰、蓝飞、谢术清、张秀欣、郭胜霞。

第一部分　计算机中文信息处理规范

1 范围

本规范规定了计算机中文信息处理领域中文件格式、存储格式、传输格式、全文显示、汉字规范化信息、文献排序的规范。

本规范适用于国家图书馆进行中文信息处理、信息交换、汉字输入、文献排序以及在计算机系统上建立文件、检索、显示、打印输出时所需的排序要求等。在使用这一规范时,可根据本规范和国家图书馆的具体需要补充制定相应的细则。

2 引用标准

GB 2312—80 信息交换用汉字编码字符集 基本集

GB 18030—2000 信息交换用汉字编码字符集 基本集的扩充

GB 18030—2005 信息技术 中文编码字符集

GB/T 13016—1991 标准体系表编制原则和要求

GB/T 1.1—2000 标准化工作导则

GB/T 16680—1996 软件文档管理指南

GB/T 13418—92 文字条目通用排序规则

GB/T 12200.1 汉语信息处理词汇

GB/T 12200.2 汉语信息处理词汇

ISO 7098—1991 中文的罗马化

GF 0012—2009 GB 13000.1 字符集汉字部首归部规范

GF 0013—2009 现代常用独体字规范

GF 0014—2009 现代常用字部件及部件名称规范

GF 3002—1999 GB 13000.1 字符集汉字笔顺规范

GF 0011—2009 汉字部首表

3 术语和定义

3.1 文本(Text)

通过文字、符号的形式表现、传递信息的方式。读者在文本数据中通过对文字、符号的阅读来获取信息。

3.2 格式（Formats）

用来存储信息的各种方法。文件格式是用来对数据以及相关信息（包括结构、布局、压缩算法等）进行编码的软件算法。

3.3 文本文件（Text File）

用字符内码存储的文件。它是计算机中最常见也是最原始的文件格式，组成简单，存储体积极小。文本文件中可以含有超链接。通过超链接，文本文件中可以包含各种多媒体文件，如图像、音频、视频等。

3.4 集外字（Gaiji Outside the Font Set）

指特定的字符集以外的汉字。本规范的集外字指超出 GB 18030—2005 字符集的汉字。

3.5 系统外字（Gaiji）

简称为"外字"，指用户需要处理，但在计算机当前的操作系统中并不存在的汉字。

3.6 内码（Standard Code）

内码是指系统中使用的二进制字符编码，是沟通输入、输出与系统平台之间的交换码。通过内码可以达到通用和高效率传输文本的目的。内码由国际编码演化而来。

3.7 外码（Input Code）

汉字的输入码称为"外码"。输入码即指我们输入汉字时使用的编码。

4 汉字编码

4.1 汉字内码编码

4.1.1 常用的汉字内码编码标准

表1 常用的汉字内码编码标准

编码标准	使用的国家和地区	说　明
ISO/IEC 10646	全球	国际标准。ISO/IEC 10646—2003《信息技术通用多八位编码字符集》。简称 UCS。

编码标准	使用的国家和地区	说　明
Unicode	全球	国际标准。分为 Unicode – 16(2 个字节编码)和 Unicode – 32(用 4 个字节为字符编码)。
GBK	中国内地	中国内地。《汉字内码扩展规范》(简称:GBK)。国家技术监督局标准化司、电子工业部科技与质量监督司 1995 年 12 月 15 日颁布和实施。
GB 2312—80	中国内地	中国内地。《信息交换用汉字编码字符集 基本集》。1980 年由国家技术监督局审批颁布和实施。
GB 18030—2005	中国内地	中国内地《信息技术 中文编码字符集》。由国家质量监督检验总局和中国国家标准化管理委员会于 2005 年 11 月 8 日颁布,2006 年 5 月 1 日实施。
CNS	中国台湾、香港	中国台湾。《全字库中文标准交换码》。1986 年台湾地区审定颁布。
HKSCS	中国香港	中国香港。《香港增补字符集—2004》。在 2005 年 5 月,香港特区政府推出。
JIS	日本	日本。指 Shift-JIS,日本电脑系统常用的编码表。
GB 12345—90	中国内地	中国内地。《信息交换用汉字编码字符集 第一辅助集》。国家技术监督局 1990 年颁布。繁体字的编码标准。
GB 13000	中国内地	中国内地。GB 13000.1—93《信息技术 通用多八位编码字符集(UCS)第一部分:体系结构与基本多文种平面》。国家技术监督局 1993 年 12 月 23 日颁布。
GB 13131	中国内地	中国内地。指 GB 13131—1991《信息交换用汉字编码字符集　第三辅助集》。国家技术监督局 1991 年颁布。
GB 13132	中国内地	中国内地。指 GB 13132—1991《信息交换用汉字编码字符集　第五辅助集》。国家技术监督局 1991 年颁布。

注:建议汉字内码采用 Unicode 编码标准。

4.1.2　汉字内码编码表

表 2　部分汉字内码编码表

UCS	字	Unicode	GBK	GB 2312	GB 18030	BIG5	JIS	CNS
04E00	一	4E00	D2BB	D2BB	D2BB	A440	88EA	1 – 4421
04E01	丁	4E01	B6A1	B6A1	B6A1	A442	929A	1 – 4423
04E02	丂	4E02	8140	(无)	8140	(无)	(无)	4 – 2126
04E03	七	4E03	C6DF	C6DF	C6DF	A443	8EB5	1 – 4424

UCS	字	Unicode	GBK	GB 2312	GB 18030	BIG5	JIS	CNS
04E04	丄	4E04	8141	（无）	8141	（无）	（无）	3-2126
04E05	丅	4E05	8142	（无）	8142	（无）	（无）	3-2125
04E06	丆	4E06	8143	（无）	8143	（无）	（无）	（无）
04E07	万	4E07	CDF2	CDF2	CDF2	C945	969C	2-2126
04E08	丈	4E08	D5C9	D5C9	D5C9	A456	8FE4	1-4437
04E09	三	4E09	C8FD	C8FD	C8FD	A454	8E4F	1-4435
04E0A	上	4E0A	C9CF	C9CF	C9CF	A457	8FE3	1-4438

本规范给出了 GB 18030—2005 所包括的全部汉字的内码编码表,详见本书第二部分。

4.2 汉字外码编码

汉字外码包括音码、形码、音形码、部首笔画、部件笔画编码等。汉字外码主要用于汉字输入、排序与检索。

4.2.1 外码编码原则

汉字外码编码的基本原则:规范、实用。

表3 汉字外码编码原则

外码类型	编码原则
音码	有单字、词和短语的编码。"音"符合现代汉语拼音。韦氏拼音、注音除外。
音形码	有单字、词和短语的编码。"音"符合现代汉语拼音;"形"拆分规范符合《GB 13000.1 字符集汉字部首归部规范》《现代常用独体字规范》《现代常用字部件及部件名称规范》。
形码	部件拆分规范符合国家语言文字规范,易学易记、输入快速、具有通用性和可扩展性。
部首笔画	部首拆分符合《现代常用字部件及部件名称规范》《汉字部首表》和《GB 13000.1 字符集汉字部首归部规范》。汉字笔顺需符合本规范汉字笔画编码规则(参见第一部分4.2.9.1节)。
部件笔画	部件拆分规范符合《现代常用字部件及部件名称规范》《汉字部首表》和《GB 13000.1 字符集汉字部首归部规范》,汉字笔顺需符合本规范汉字笔画编码规则(参见第一部分4.2.9.1节)。

对应 GB 18030—2005 所包括的全部汉字,本规范给出:3 种音码编码(拼音、韦氏拼音、注音),2 种形码编码(四角号码、郑码),4 种部首笔画编码(现代部首、康熙部首、笔画、现代部首笔画)和 1 种部件笔画编码(笔画字)。

4.2.2 拼音编码

4.2.2.1 汉字拼音编码规则

表 4 汉字拼音编码规则

序号	编码规则
1	汉字发音使用现代汉语拼音编码,必须有声调。
2	汉字有多个发音时,给出所有发音的现代汉语拼音编码。
3	发音符合现代汉语拼音。
4	汉字发音无法用现代汉语拼音编码时,可以使用罗马音编码。
5	对无法给出拼音和罗马音的汉字,暂不给编码。

4.2.2.2 汉字拼音编码表

表 5 部分汉字拼音编码表

UCS	字	拼音编码	韦氏拼音编码
04E00	一	yī	i
04E01	丁	dīng;zhēng	ting;cheng
04E02	万	kǎo;qiǎo;yú	k'ao;ch'iao;yü
04E03	七	qī	ch'i
04E04	丄	shàng	shang
04E05	丅	xià	hsia
04E07	万	wàn;mò	wan;mo
04E08	丈	zhàng	chang

本规范给出了 GB 18030—2005 所包括的全部汉字的拼音编码表,详见本书第二部分。

本规范给出了 GB 18030—2005 所包括的全部汉字的韦氏拼音编码表,详见本书第二部分。

4.2.2.3 汉语拼音和韦氏拼音对照表

拼音和韦氏拼音对照表见本部分附录 A。

韦氏拼音没有声调。

4.2.3 注音编码

4.2.3.1 汉字注音编码表

表 6 部分汉字注音编码表

UCS	字	注音编码
04E00	一	ㄧˉ
04E01	丁	ㄉㄧㄥˉ;ㄓㄥˉ

UCS	字	注音编码
04E02	丂	ㄅㄠˇ;ㄑㄧㄠˇ;ㄩˊ
04E03	七	ㄑㄧˉ
04E04	丄	ㄕㄤˋ
04E05	丅	ㄒㄧㄚˋ
04E07	万	ㄨㄢˋ;ㄇㄛˋ
04E08	丈	ㄓㄤˋ

本规范给出了 GB 18030—2005 所包括的全部汉字的注音编码表,详见本书第二部分。

4.2.3.2　拼音和注音对照表

拼音和注音对照表见本部分附录 B。

注音有声调,标记在最后,"ˉ"表示 1 声;"ˊ"表示 2 声;"ˇ"表示 3 声;"ˋ"表示 4 声;没有声调表示轻声。

4.2.4　四角号码编码

4.2.4.1　四角号码检字法

第一条:笔画分为十种,用 0 到 9 十个号码来代表。

表 7　四角号码检字法

号码	笔名	笔形	举例	说明	注意
0	头	亠	言 主 广 疒	独立的点和横相结合	1、2、3 都是单笔,0、4、5、6、7、8、9 都是二笔以上的单笔合为一复笔的,凡能成为复笔的,须取复笔,切勿误作单笔;如亠应作 0 不作 3,寸应作 4 不作 2,厂应作 7 不做 2,丷应作 8 不作 3,2,小应作 9 不作 3、3。
1	横	一 乚	天 土 地 江 元 風	包括横、挑(耟)和右钩	
2	垂	丨 丿 亅	山 月 千 则	包括直、撇和左钩	
3	点	丶	宀 礻 冂 之 衣	包括点和捺	
4	叉	十 乂	草 杏 皮 刘 大 对	两笔相交	
5	插	扌	扌 戈 中 史	一笔通过两笔以上	
6	方	口	國 鳴 目 四 甲 由	四边齐整的方形	
7	角	厂 乛	羽 門 厅 阴 雪 衣 舅 罕	横和垂的锋头相接处	
8	八	八 丷 人	分 頁 羊 余 灾 余 足 午	八字形和它的变形	
9	小	小 ⺌ 个 忄	尖 糸 粦 杲 惟	小字形和它的变形	

第二条:每字只取四角的笔形,顺序为:左上、右上、左下、右下角。

照四角的笔形和顺序,每字得四码。例:颜=0128;截=4325;烙=9786。

第三条:字的上部或下部,只有一笔或一复笔时,无论在何位,都作左角,它的右角作 0。每笔用过后,如再充他角,也作 0。

8

第四条:由整个"口、门、門、行"所成的字,它们的下角改取内部的笔形,但上下左右有其他的笔形时,不在此例。例:因 = 6043;闭 = 7724;鬫 = 7712;衡 = 2143;茵 = 4460;潤 = 3712;荇 = 4422。

附则:

一、取笔形时应注意的几点:

1. "宀、户"等字,凡点下的横,右方和它笔相连的,都作 3,不作 0。

2. 尸、皿、門等字,方形的笔头延长在外的,都作 7,不作 6。

3. 角笔起落的两头,不作 7。

4. 笔形"八"和它笔交叉时不作 8,如美。

5. "业、亦"、"水、呑"中的二笔,都不作小形。

二、取角时应注意的几点:

1. 独立或平行的笔,不问高低,一律以最左或最右的笔形作角。

2. 最左或最右的笔形,有它笔盖在上面或托在下面时,取盖在上面的一笔作上角,托在下面的一笔作下角。

3. 有两复笔可取时,在上角应取较高的复笔,在下角应取较低的复笔。

4. 撇为下面它笔所托时,取它笔作下角。

5. 左上的撇作左角,它的右角取作右笔。

三、四角同码字较多时,以右下角上方最贴近而露锋芒的一笔作附角,如该笔已经用过,附角作 0。例:芒 = 44710。

4.2.4.2 四角号码编码表

表 8 部分汉字四角号码编码表

UCS	字	四角号码编码	UCS	字	四角号码编码
04E00	一	10000	04E05	丅	10200
04E01	丁	10200	04E06	丆	10200
04E02	丂	10207	04E07	万	10227
04E03	七	40710	04E08	丈	50000
04E04	丄	20100	04E09	三	10101

本规范给出了 GB 18030—2005 所包括的全部汉字的四角号码编码表,详见本书第二部分。

4.2.5 郑码编码

郑码依据汉字字形编码,能够对不知读音的生僻字快捷地进行人工检索或用计算机输入。编码时,首先将汉字分解为基本字根(做不到时再分解为笔画),然后按照编码规则和取码方式代入基本字根的代码,即可编制汉字(或词语)的编码。因此,了解基本字根代码安排的规则,才能理解为什么采用郑码编码。

4.2.5.1 《郑码》基本字根代码的安排

《郑码》选用规范部件或部首作为基本字根(简称:基根)。按功能分为"第一主根"、"第二主根"和"副根"。基根代码用2个字母表示,第一字母是区码,即笔形特征相同的基根聚集在同一字母根区,例如前两笔是"横–撇"的基根"石、大、厂、辰、页、不、而、豕、尤、龙"聚集在G根区,区码都是"G";第二字母是位码,标明同一根区内各基根所占据的位置,如:"大GD、厂GG、辰GH、不GI、而GL、页GQ、尤GR、龙GM"。基根排列及其代码安排有规则可循,易学不易忘记。

(1)基本字根的分类

首先,将170个基根,依据起笔第一笔的笔形分类,再按照英文字符的自然顺序安排区码:从A至H是横起笔类根区;从I至L是竖起笔类根区;从M至R是撇起笔类根区;从S至W是点起笔类根区;从X至Z是折起笔类根区。

(2)基本字根的分区

在每一类中,再将基根按照构形特征或按前两笔(前三笔)笔形顺序排列先后,并依次安排在每一字母根区内,该字母就是一组基根的区码。以横起笔类基根为例说明基根分区的方法,见表9。

表9　横起笔类基根示例

分类	按笔形特征安排字根位置和区码	区码	一主根	二主根	副根
横起笔类	一横 和 笔画:横	A	一		丁
	二横 和 土	B	土	二	走 耂(者)工 示
	三横 和 多横	C	王	三	丰 耒 耒(春)镸 耳
	横–竖钩	D	扌		寸
	横–竖 和 横–竖–竖	E	艹	十	弋(戈)廿(卅)甘 其 革
	横–竖–撇 和 横–竖–折	F	木	酉	甫 叓(車)覀(西)雨
	横–撇	G	石	大	厂辰不而页豕尤(尢)龙
	横–折	H	匚臣	七	车 牙 至 弋 戈

从表9的示例可看出,副根都具有主根的构形特征或前两笔(前三笔)的笔形特征。

(3)基根位码的定名与联想记忆方法

一主根没有位码,二主根用固定的字母"D"做位码;如:"十ED、大GD、七HD、同(冂)LD、人OD、儿RD"等。

10

副根位码的定名与主根和笔画代码有关联,方法如下:

• 方法 1——按副根构形中含有的笔画成分定名位码;如:"工 BI、丰 CI、不 GI"的位码都是"I",因为基根构形含有笔画"竖(丨)I"的成分。

• 方法 2——按副根构形中含有的主根成分定名位码;如:"页 GO、齿 IO、贝 LO、欠 RO"的位码都是"O",因为这几个基根的构形中都含有主根"人 O(区码)"的成分。

• 方法 3 ——按副根构形中含有的其他副根成分定名位码;如:"示 BK、耒 CK"的位码都是"K",因为基根构形中都含有副根"小 K"的成分。

(4)基根采用区位码机制的优越性

• 每个基根都有独立代码,能自然地起到离散重码字的作用,不需要再加字型或拼音信息等繁琐的规则来离散重码。例如:基根"立 SU"和"方 SY",它们的区码都是"S",但由于位码不同,能使首字根(如"亻"或"艹")相同的单字"位—NSU"与"仿—NSY"、"苙—ESU"与"芳—ESY"的编码区分开来,使编码规则得以简化。

• 成字的基根作为单字用,基根代码就是单字编码。例如成字基根:又 XS、广 TG、其 EC、大 GD 等都是常用字。经常用这些字有助于基根代码的记忆;反之,记住了基根代码,常用字也会输入,做到学、用相辅相成。

• 由于每个基根有独立的代码,使得单字编码具有以首字根作为分集的标志。例如:基本字根"酉—FD",首字根是"酉"的单字——"酊 FDAI、醉 FDBY、酣 FDEB、醰 FDFB、酸 FDHH、醢 FDJL、酥 FDMF、酸 FDOR、酯 FDRK、酬 FDVN、配 FDYY"等按英文字母排序后,都相对集中在 F 区的 D 序位。这一特点使得《郑码》的单字编码,不仅适于计算机快速录入汉字,而且用于字典等人工检索,汉字的英文字母编码也具有连续、完整、严谨的体系,为识字教学、字典检索与计算机汉字录入技能培训的结合创造了条件,也为提高工作效率打下基础。

4.2.5.2 简化字繁体字通用的《郑码》基本字根表

表10 《郑码》基本字根表

起笔笔类	区码	第一主根	第二主根	副根	高频字
横起笔类	A	一		丁AI(丁)	一
	B	土(士)	二BD	示BK　工BI(扌圭)　走BO　耂BM(者)　亚BZ(罗罗)	地
	C	王(玉CS)	三CD	丰CI(丰韦豊)　末CK(禾)　夹CO(春)　耳CE　彡CH(髟镸長)　門CC　馬CU	现
	D	扌(才)		寸DS	的
	E	艹(艹卅)	十ED	戈EH(栽)　廿EA(艹卅灬)　甘EB(井)　其EC　革EE	世
	F	木	酉FD	甫FB　雨FV　重車FK　西FJ(西)	要
	G	石(厂)	大GD(ナ)	厂GG　辰GH　不GI　而GL　页GO(頁)　豕GQ(豕豸)　尤GR(尤尢)　龙GM(龍)	在
	H	匚(臣)(匡区巨)	七HD(亡七七)　巛HD	牙HI　至HB　车HE　弋HS　戈HM(戊戈戈)	成
竖起笔类	I	虫(蟲)	卜卜ID(卜)	止II(止)　齿IO(齒)　虍IH(虎)	上
	J	口(口)	囗JD(因)	足JI(足)	中
	K	日(日日)(旦四)	刂KD(刂刂刂)	田KI(由KIA　甲KIB　申KIC)　非KC　业KU(業)　小KO(少)　水KV(米永)　毌KJ	是
	L	目	冂LD(同)(凡冈网用冂冈凮冈冈网)	巾LI　山LL　且LC(且)　见LR(見)　贝LO(貝)　骨LW　皿LK(四罒皿LKA)　尚LJ	用
撇起笔类	M	爫(人)		广MA(欠)　牛MB(牜牛牛)　生MC　手MD(扌)　气MY(氣)　毛MH　千ME　禾MF(禾)　舌MI(舌)　攵MO	我
	N	亻	川ND(儿)(川川脈)	片NX(片)　隹NI　白NK　自NL(冂)　身NC　臼NB(臼臼臼)　鬼NJ(甶白)	他
	O	八	少人OD(入ODA)	彳OI(行)　乂OS(爻)　食OX(飠饣)	个
	P	金(钅金)	彡斤PD(厂)(丘PDA)	爪PV(爫)　瓜PS　舟PY(刀)　采PF　豸PQ	所
	Q	月(刂月)	几QD(凡凡)(凡QDA)	犭QM　殳QX　九QY(九QYA)　風QI	月
	R	鱼(勹)(鱼魚)	儿RD	夕RS(夊夕夂夊)　欠RO　勹RY(包)(勺RYA)　鸟RZ(鳥鸟)(乌乌RZA)　匕RR(匕上)　氏RH(亡匚氏衣)	多
点起笔类	S	言(讠亠)		亦SK　文SO　方SY　立SU　辛SE　亡SH　龍SI　(永SK)	说
	T	疒(病)	冫TD(⺀冫)	广TG(廣)　鹿TX(声)　丬TI(爿)　门TL	度
	U	忄(小)	丷UD(丷)	丷UA(半)　半UB(关羊类)　羊UC(羊羊类)　米UF　火UO(灬)	为
	V	氵(氺)	丷VD		没
	W	辶(之辶)	宀WD(定)	户WM　礻WS　衤WT　心WZ　冖WW　穴WO　黾WX(黽)	这
折起笔类	X	马(ユ五尸)	門XD	尸XM(尸尸)(尹XMA)　彐XB(由尹⺕聿)　艮XO(艮)　兼XK(曲)　又XS(マㄨ爫)　皮XI	对
	Y	阝(卩卪)(阝㐆)	刀YD　乙YDA(乀)	习YT　力YM(力)　也YI(巴YIA)　己YY(㔾)　(已YYA)(已巳巳YYB)　弓YZ(弟)　子YA	了
	Z	纟(糸糸)	巛ZD(巛 巛)	凵ZI(屮屮中⼭为)　母ZY(毌母)　厶ZS(厶厶)　女ZM(夕ㄠ丑)　結糸ZS	发

12

4.2.5.3 《郑码》单字取码方法

取码原则:单字需拆分为基本字根和笔画进行编码;每字或每词最多取 4 个字母做编码;但是首根的区位码要全部取用,若单字编码超过 4 个字母,只能省略后面基根的位码或省略整个基根的区位码。

基本字根处于单字各个部位时的称谓

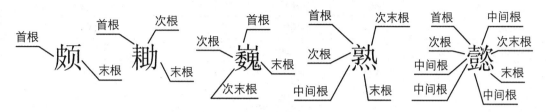

图 1　单字拆分为基本字根的称谓

(1)基本字根即为单字。

①第一主根作为单字输入要在其区码后加"A",再加打空格键。如:木 FA。

②第二主根或副根作为单字直接输入其代码并加打空格键。如:大 GD、业 KU。

(2)二基根字:由两个基本字根构成的单字。

①基根代码总数没超过 4 个字母,所以首根和末根代码可以按实际码数取。

例:鲜 RUC(鱼 R 羊 UC)、配 FDYY(酉 FD 己 YY)

②单字首根和末根都是第一主根,输入时要加后缀"V V",以避免与其他成字基根重码。

例:卫 YAVV(卩 Y 一 A ＋VV,因为基根"子 YA")

(3)三基根字:由三个基本字根构成的单字。

①首根是第一主根:首根只有区码 1 码,取 1 码;次根只取区码 1 码;末根是 1 码取 1 码,是区位码的 2 码取 2 码。

例:谋 SEF(讠 S 甘 EB 木 F)　搬 DPQX(扌 D 舟 PY 殳 QX)

②首根是第二主根或副根:首根有 2 码取 2 码,再取次根、末根区码各 1 码。

例:靠 MBJK(⺧ MB 口 J 非 KC)　饰 OXML(饣 OX 宀 MA 巾 LI)

(4)四基根字与多基根字:由四个或多个基本字根构成的单字。

①首根是第一主根的四基根字:首根只有区码 1 码,取 1 码,再取其余三根的区码各 1 码。

例:镕 PWOJ(钅 P 穴 WO 人 OD 口 J)　豪 SJWG(亠 S 口 J 冖 WW 豕 GQ)

②首根是第一主根的多基根字:首根只有 1 码,取 1 码;再取次根区码 1 码;中间根不取;然后再取最末两个基根(即次末根和末根)的区码各 1 码。

例:懿 BWRW(士 B 冖 WD {一 口 丷} 欠 RO 心 WZ)

③首根是第二主根或副根的四基根字或多基根字:首根有区位码 2 码,取 2 码,次根和中

间根都不取,再取最末两根(即次末根和末根)的区码各1码。

例:髋 LWEL(骨 LW{宀}艹 E 见 LR)

戀 SULW(立 SU{曰十攵工}贝 LO 心 WZ)

4.2.5.4 郑码编码表

表11 部分汉字郑码编码表

UCS	字	郑码编码	UCS	字	郑码编码
04E00	一	A	04E05	丁	AIVV
04E01	丁	AI	04E06	厂	GAA
04E02	丂	AZVV	04E07	万	AYM
04E03	七	HD	04E08	丈	AOS
04E04	丄	IAVV	04E09	三	CD

本规范给出了 GB 18030—2005 所包括的全部汉字的郑码编码表,详见本书第二部分。

4.2.6 部首编码

4.2.6.1 汉字部首表

GF 0011—2009《汉字部首表》共有 201 个部首,均有编号(称为汉字部首号)。《汉字部首表》是中国教育部、国家语委组织制定的一部语言文字规范,自 2009 年 5 月 1 日实施。汉字部首表如下:

一画		二画		13	勹	21	卩(㔾)
1	一	6	十	14	儿	22	刀(⺈刂)
2	丨(亅)	7	厂(⺁)	15	匕	23	力
3	丿	8	匚	16	几(几)	24	又
4	丶	9	卜(⺊)	17	亠	25	厶
5	乛(乙乚)	10	冂(门)	18	冫	26	廴
乚乛𠃌乛乙乁		11	八(丷)	19	冖	三画	
乚乛乚儿)		12	人(亻入)	20	凵	27	干

14

28 工	57 飞(飛)	85 斤	113 瓜
29 土(士)	58 马(馬)	86 爪(爫)	114 鸟(鳥)
30 卄(艸)	59 幺	87 父	115 疒
31 寸	60 巛	88 月(⺼)	116 立
32 廾	**四画**	89 氏	117 穴
33 大	61 王(玉)	90 欠	118 疋(⺪)
34 尢(兀尣)	62 无(旡)	91 风(風)	119 皮
35 弋	63 韦(韋)	92 殳	120 癶
36 小(⺌)	64 木(朩)	93 文	121 矛
37 口	65 支	94 方	**六画**
38 囗	66 犬(犭)	95 火(灬)	122 耒
39 山	67 歹(歺)	96 斗	123 老(耂)
40 巾	68 车(車)	97 户	124 耳
41 彳	69 牙	98 心(忄⺗)	125 臣
42 彡	70 戈	99 毋(母)	126 覀(襾西)
43 夕	71 比	**五画**	127 而
44 夂	72 瓦	100 示(礻)	128 页(頁)
45 爿(丬)	73 止	101 甘	129 至
46 广	74 攴(攵)	102 石	130 虍(虎)
47 门(門)	75 日(曰)	103 龙(龍)	131 虫
48 宀	76 贝(貝)	104 业	132 肉
49 辶(辵)	77 水(氵氺)	105 目	133 缶
50 彐(彑彐)	78 见(見)	106 田	134 舌
51 尸	79 牛(牜)	107 罒	135 竹(⺮)
52 己(已巳)	80 手(扌龵)	108 皿	136 臼(臼)
53 弓	81 气	109 生	137 自
54 子	82 毛	110 矢	138 血
55 屮(屮)	83 长(長镸)	111 禾	139 舟
56 女	84 片	112 白	140 色

141	齐(齊)	158	足(𧾷)	175	阜(左阝)	191	高
142	衣(衤)	159	邑(右阝)	176	金(钅釒)	十一画
143	羊(⺶⺷)	160	身	177	鱼(魚)	192	黄(黃)
144	米	161	采	178	隶	193	麻
145	聿(⺻⺺)	162	谷	九画	194	鹿
146	艮	163	豸	179	革	十二画
147	羽	164	龟(龜)	180	面	195	鼎
148	糸(纟糹)	165	角	181	韭	196	黑
七画	166	言(讠)	182	骨	197	黍
149	麦(麥)	167	辛	183	香	十三画
150	走	八画	184	鬼	198	鼓
151	赤	168	青(靑)	185	食(饣飠)	199	鼠
152	豆	169	卓	186	音	十四画
153	酉	170	雨	187	首	200	鼻
154	辰	171	非	十画	十五画
155	豕	172	齿(齒)	188	髟	201	龠
156	卤(鹵)	173	黾(黽)	189	鬲	
157	里	174	隹	190	鬥	

4.2.6.2 汉字部首归部规则

根据 GF 0011—2009《汉字部首表》及其中的说明,在不违背《汉字部首表》规部原则的情况下,根据本规范字符集汉字多的情况制定了汉字部首归部规则:

第一条:依据字形归部;

第二条:合体字的部首采取先上后下(最后中)、先左后右(最后中)、先外后内和取大不取小的原则,独体字的部首取起笔的笔形;

第三条:第一次分解后,若两部分都不是部首,则进行第二次分解提取该字的部首。第二次分解后归部原则:

表12 汉字部首归部规则

汉字结构	上下结构								左右结构							
第一次分解	上部				下部				左部				右部			
第二次分解	上下结构		左右结构		上下结构		左右结构		上下结构		左右结构		上下结构		左右结构	
归部顺序	1	3	1	3	4	2	4	2	1	3	1	3	4	2	4	2
归部位置	上	下	左	右	上	下	左	右	上	下	左	右	上	下	左	右

第四条:归部后的部首笔画不允许与部外笔画有交叉(独体字取起笔笔形的情况除外),但允许粘连;

第五条:不违背上述四条原则的情况下,尽可能不取单笔作为部首。

4.2.6.3 部首编码表

表13 部分汉字部首编码表

UCS	字	部首编码	UCS	字	部首编码
04E00	一	一(001)	04E05	丁	一(001)
04E01	丁	一(001)	04E06	乛	一(001)
04E02	丂	一(001)	04E07	万	一(001)
04E03	七	一(001)	04E08	丈	一(001)
04E04	丄	丨(002)	04E09	三	一(001)

本规范给出了 GB 18030—2005 所包括的全部汉字的部首编码表,详见本书第二部分。

4.2.7 康熙部首编码

4.2.7.1 康熙部首表

根据《康熙字典》,康熙部首共有 214 个,均有编号(称为康熙部首号)。部首表如下:

一画		5	乙(乛乚)	9	人(亻)	14	冖
1	一	6	亅	10	儿	15	冫
2	丨	二画		11	入	16	几(几)
3	丶	7	二	12	八(丷)	17	凵
4	丿	8	亠	13	冂(冂)	18	刀(⺈刂)

19	力	47	巛	75	木	103	疋(疋)
20	勹	48	工	76	欠	104	疒
21	匕	49	己(已巳)	77	止	105	癶
22	匚	50	巾	78	歹(歺)	106	白
23	匸	51	干	79	殳	107	皮
24	十	52	幺	80	毋(母)	108	皿
25	卜(卜)	53	广	81	比	109	目
26	卩(㔾)	54	廴	82	毛	110	矛
27	厂(厂)	55	廾	83	氏	111	矢
28	厶	56	弋	84	气	112	石
29	又	57	弓	85	水(氵氺)	113	示(礻)
三画		58	彐(彑)	86	火(灬)	114	禸
30	口	59	彡	87	爪(爫)	115	禾
31	囗	60	彳	88	父	116	穴
32	土	四画		89	爻	117	立
33	士	61	心(忄小)	90	爿	六画	
34	夂	62	戈	91	片	118	竹(⺮)
35	夊	63	戶(户戸)	92	牙	119	米
36	夕	64	手(扌龵)	93	牛(牜)	120	糸(纟糸)
37	大	65	支	94	犬(犭)	121	缶
38	女	66	支(攵)	五画		122	网(罒罓)
39	子	67	文	95	玄	123	羊(⺶⺷)
40	宀	68	斗	96	玉	124	羽
41	寸	69	斤	97	瓜	125	老(耂)
42	小(⺌)	70	方	98	瓦	126	而
43	尢(尣尢)	71	无(旡)	99	甘	127	耒
44	尸	72	日(曰)	100	生	128	耳
45	屮	73	曰	101	用	129	聿(⺻聿)
46	山	74	月(⺼)	102	田	130	肉

131 臣	154 貝(贝)	176 面	198 鹿
132 自	155 赤	177 革	199 麥(麦)
133 至	156 走	178 韋	200 麻
134 臼	157 足(⻊)	179 韭	十二画
135 舌	158 身	180 音	201 黃(黄)
136 舛	159 車(车)	181 頁(页)	202 黍
137 舟	160 辛	182 風(风)	203 黑
138 艮	161 辰	183 飛(飞)	204 黹
139 色	162 辵(辶)	184 食(饣飠)	十三画
140 艸(艹⺾)	163 邑(阝)	185 首	205 黽(黾)
141 虍(虎)	164 酉	186 香	206 鼎
142 虫	165 釆	十画	207 鼓
143 血	166 里	187 馬(马)	208 鼠
144 行	八画	188 骨	十四画
145 衣(衤)	167 金(钅釒)	189 高	209 鼻
146 襾(覀西)	168 長(长镸)	190 髟	210 齊
七画	169 門(门)	191 鬥	十五画
147 見(见)	170 阜(阝)	192 鬯	211 齒(齿)
148 角	171 隶	193 鬲	十六画
149 言(讠)	172 隹	194 鬼	212 龍(龙)
150 谷	173 雨	十一画	213 龜(龟)
151 豆	174 靑(青)	195 魚(鱼)	十七画
152 豕	175 非	196 鳥(鸟)	214 龠
153 豸	九画	197 鹵	

4.2.7.2 康熙部首归部规则

(1)康熙部首归部原则上使用文字的意作为分类。

例:汉字"读、计、诗、订、训、话、誓、闇"都归属"言"部。

(2)康熙部首原则上是表示一组文字的共通意义,部首所在的位置并不一定。

例:"鸟"部有"鴃、鸠、凫、莺"等字,无论在哪个位置都无碍其分类在"鸟"部内。

(3)汉字的90%是形声字,形声字是由表示意义的"形符"与表示发音的"声符"组成的。形声字多使用意符为部首,有助于容易判断部首的部分。

例："教"字的"孝"是声符、"攵"是形符,所以归在"攵"部。

"阀"字的"伐"是声符、"门"是形符,所以归在"门"部。

但"闻"字的"门"是声符、"耳"是形符,所以归在"耳"部。

(4)会意字则是完全由"形符"所组成,所以难以判断何者为部首。

例如:"相"是木与目构成的会意字,虽然归在"木"部或"目"部均可,但《康熙字典》《说文解字》都将他归在"目"部里。

(5)康熙部首数为214个,有些部首的归类与字义无关。

例如:按照原则,所有象形字都应该自成部首,但这样会造成很多象形文字的部首只有这个字。所以像是"甲"、"申"、"由"这些象形字,全部都归类到了"田部"。另外,甚至有"亠部"这种原先没有的文字,专做字形分类用而制造的部首。

注:康熙部首归部规则是根据《康熙字典》对四万多字的归部总结后制定。

4.2.7.3 康熙部首编码表

表14 部分汉字康熙部首编码表

UCS	字	康熙部首编码	UCS	字	康熙部首编码
04E00	一	一(001)	04E05	丁	一(001)
04E01	丁	一(001)	04E06	丆	一(001)
04E02	丂	一(001)	04E07	万	一(001)
04E03	七	一(001)	04E08	丈	一(001)
04E04	丄	一(001)	04E09	三	一(001)

本规范给出了 GB 18030—2005 所包括的全部汉字的康熙部首编码表,详见本书第二部分。

4.2.8 笔画编码

4.2.8.1 汉字笔画编码规则

4.2.8.1.1 基本规则

第一条:笔画表示形式为序号式,用横、竖、撇、点、折五个基本笔画对应序号1、2、3、4、5来表示。

第二条:根据字形结构将汉字分为独体字和合体字,独体字笔顺规则见第三条,合体字笔顺规则见第四条。

第三条:独体字笔顺为:先上后下(工),先左后右(以),先横后竖(木),先中后旁(小、水),先上内后左下(匹),折不过三(凸、乃)。

第四条:合体字应先拆分结构,将各部分拆至独体字,再分别写独体字的笔顺,最后按照拆分顺序合并所有独体字的笔顺。合体字结构有:上(中)下结构、左(中)右结构和全包围结构。

合体字笔顺为:上下结构合体字笔顺为先上(部分)后下(部分);左右结构合体字笔顺为先左(部分)后右(部分);全包围结构合体字笔顺见附则。

注:汉字笔顺规则是根据《现代汉语通用字笔顺规范》总结后制定。

4.2.8.1.2 附则

一、独体字笔顺应注意以下几点:

1. "十"字形下部左右有笔画(木、來)的处理规则:第一笔为横,第二笔为竖,再写其他。字形中有两长横(来)不属此点。

2. 有些独体字与其他部分合体时其笔顺与独体时笔顺不一致(软—车、物—牛),这是因收笔的原因。

二、合体字笔顺应注意以下几点:

1. 全包围结构字的处理规则:先写"口"的前两笔,然后写被包围的部分,再写"口"的最后一笔。

例:围 2511521;團 25125112141241。

2. "辶"、"廴"作偏旁的字的处理规则:先内后外(过、延、画)。这里将它们看成是上下结构处理。

例:过 124454;延 321554;画 12512152。

3. "走"、"是"等作偏旁的字的处理规则:先左后右(题、赶)。这里将它们看成是左右结构处理。

例:题 251112134132534;赶 1212134112。

4. 下包上的半包围结构的处理规则,先写里面的部件,再写下包上的半包围。

例:凶 3452;击 11252;函 52413452;画 12512152。

5. 上包围结构字的处理规则:先外后里(勺、庆、冈)。

例:勺 354;庆 413134;冈 2534。

6. 三面包围结构字的处理规则:缺口朝上的,先里外后(凶、击);缺口朝下的,先外后里(同、内);缺口朝右的,先写上边的一横,再写里面,最后写竖折(匠、匾)。

例:凶 3452;击 11252;同 251251;内 2534;匠 133125;匾 14513251225。

4.2.8.1.3 其他应注意的几点

1. 点的处理规则:点在左上和正上先写点(斗、就、社、言、毫、安),点在右上后写(戈、发、我、代、扰、戚)。

例:斗 4412;就 412512341354;社 4524121;言 4111251;安 445531,

戈 1534;发 53544;我 3121534;代 32154;扰 1211354。

2. 竖的处理规则:竖在上面,左横的左面、上包围、下包围、全包围,第一笔写竖。

例:战 212511534;冈 2534;国 25112141;圈 25431134551。

4.2.8.2 汉字笔画编码表

表 15　部分汉字笔画编码表

UCS	字	笔画编码	UCS	字	笔画编码
04E00	一	1	04E05	丅	12
04E01	丁	12	04E06	丆	13
04E02	丂	15	04E07	万	153
04E03	七	15	04E08	丈	134
04E04	丄	21	04E09	三	111

本规范给出了 GB 18030—2005 所包括的全部汉字的笔画编码表,详见本书第二部分。

4.2.9　部首笔画编码

4.2.9.1　汉字部首笔画编码规则

表 16　汉字部首笔画编码规则

序号	编码规则
1	必须包括部首和部外全笔画,可以含部外笔画数或总笔画数。
2	部首符合本规范"汉字部首编码表"。
3	若部首为整字,部外全笔画为 0。
4	部外全笔画符合本规范"汉字笔画编码表"。

4.2.9.2　汉字部首笔画编码表

表 17　部分汉字部首笔画编码表

UCS	字	部首	部外全笔画
04E00	一	一	0
04E01	丁	一	2
04E02	丂	一	5
04E03	七	一	5
04E04	丄	丨	1
04E05	丅	一	2
04E06	丆	一	3
04E07	万	一	53
04E08	丈	一	34
04E09	三	一	11

22

本规范给出了 GB 18030—2005 所包括的全部汉字的部首笔画编码表,详见本书第二部分。

4.2.10 "笔画字"编码

4.2.10.1 汉字"笔画字"编码规则

表18 汉字笔画字编码规则

序号	编码规则
1	汉字笔画字编码是部件和笔画混合编码。
2	汉字笔画字编码可以是汉字的组合、笔画与汉字的组合或全笔画。
3	若笔画字编码中有汉字部件,将部件转换成笔画后得到的是汉字全笔画。
4	全笔画符合本规范"汉字笔画编码表"。
5	笔画字由用户自行编码。建议一个汉字的笔画字编码最好为两个部件;其次为多个部件;最差为笔画与部件的组合,尽量不要使用全笔画。

4.2.10.2 示例

表19 笔画字编码示例

汉字	笔画字		
	序号	笔画字编码	说明
禤	1	面冥	可以拆成两个部件为最佳。
	2	面冖日六	不知道"冥"是个部件。
	3	面 45 日六	不知道"冖"如何输入。"45"为"冖"的全笔画。
	4	1325221114525114134	"冥"的全笔画。等于"面冥"、"面冖日六"或"面 45 日六"的全笔画。

4.2.11 汉字异体字

信息包括:字际关系和出处。

字际关系包括:同、一义同、旧译或旧称、本字、大写字、俗字、古体字、类推简化字、繁体字等。出处必须是具有权威性的字典和词典。

本规范给出了 GB 18030—2005 所包括的全部汉字的异体字表,详见本书第二部分。

汉字异体字可以是无编码,通过 OpenType 技术表示。

5 汉字排序

汉字排序规范遵照标准 GB/T 13418—92《文字条目通用排序规则》。本规范给出了 GB 18030—2005 所包括的全部汉字的序值。

5.1 汉字排序规则

5.1.1 汉语拼音排序规则

表20 汉语拼音排序法汉字序值比较的优先顺序

1	2	3	4	5
汉语拼音	音调	总笔画数	起笔至末笔各笔笔形序值	汉字编码

首先比较汉字的音,即按汉语拼音字母表顺序对汉字字符排列。如果拼音相同,比较音调,按阴平、阳平、上声、去声、轻声的次序对汉字字符排列。如果音和音调相同,比较汉字的总笔画数,从少到多对汉字字符排列。如果笔画相同,比较汉字的起笔至末笔各笔笔形"横、竖、撇、点、折"次序对汉字排列。如果上述笔形仍相同,则按汉字 UCS 编码从小到大排列。

表21 部分汉字汉语拼音排序序值

UCS	汉字	汉语拼音排序序值
03400	圵	38898
03401	丙	46547
03402	乢	65606
03403	仐	65418
03404	牜	25075
03405	乂	49487;53544;56317
03406	冎	55804;57217
03407	乞	65412
03408	乞	65408
03409	乞	65402

本规范给出了 GB 18030—2005 所包括的全部汉字的汉语拼音排序序值,详见本书第二部分。

5.1.2 偏旁部首排序规则

5.1.2.1 汉字部首排序规则

24

表 22　汉字部首排序法汉字序值比较的优先顺序

1	2	3	4
汉字部首序号	部外笔画数	部外起笔至末笔各笔笔形序值	汉字编码

　　首先按汉字所属的汉字部首入部,同部首的字按部首外汉字笔画数从少到多排列。如果部外汉字笔画数相同,按部首外汉字起笔至末笔各笔笔形的"横、竖、撇、点、折"顺序排列,如果上述各笔笔形仍然相同,则按汉字 UCS 编码从小到大排列。

　　汉字部首序号定义参见本部分 4.2.7.1 节汉字部首表。

表 23　部分汉字部首排序序值

UCS	汉字	部首排序序值
03400	止	00352
03401	丙	00138
03402	乞	00143
03403	今	00749
03404	牛	00029
03405	乂	00444
03406	月	01081
03407	乞	00747
03408	会	01884
03409	乞	00734

　　本规范给出了 GB 18030—2005 所包括的全部汉字的部首排序序值,详见本书第二部分。

5.1.2.2　康熙部首排序规则

表 24　康熙部首排序法汉字序值比较的优先顺序

1	2	3	4
康熙部首序号	部外笔画数	部外起笔至末笔各笔笔形序值	汉字编码

　　首先按汉字所属的康熙部首入部,同部首的字按部首外汉字笔画数从少到多排列。如果部外汉字笔画数相同,按部首外汉字起笔至末笔各笔笔形的"横、竖、撇、点、折"顺序排列,如果上述各笔笔形仍然相同,则按汉字 UCS 编码从小到大排列。

　　康熙部首序号定义参见本部分 4.2.8.1 节的康熙部首表。

表 25　部分汉字康熙部首排序序值

UCS	汉字	部首排序序值
03400	屮	00040
03401	丙	00069
03402	乇	00072
03403	仐	00153
03404	牛	00149
03405	乂	00213
03406	冎	00263
03407	乞	00319
03408	仒	00318
03409	乤	00314

本规范给出了 GB 18030—2005 所包括的全部汉字的康熙部首排序序值,详见本书第二部分。

5.1.3　笔画排序规则

表 26　笔画排序法汉字序值比较的优先顺序

1	2	3
总笔画数	起笔至末笔各笔笔形序值	汉字编码

首先按汉字的笔画数从少到多排列。同笔画数的字按起笔至末笔各笔笔形"横、竖、撇、点、折"顺序排列。如果上述笔形仍相同,则按汉字 UCS 编码从小到大排列。

表 27　部分汉字笔画排序序值

UCS	汉字	笔画排序序值
03400	屮	00822
03401	丙	01580
03402	乇	01684
03403	仐	00226
03404	牛	00118
03405	乂	00046
03406	冎	02103
03407	乞	00180
03408	仒	00159
03409	乤	00106

本规范给出了 GB 18030—2005 所包括的全部汉字的笔画排序序值,详见本书第二部分。

5.1.4　笔形排序规则

表28　笔形排序法汉字序值比较的优先顺序

1	2
起笔至末笔各笔笔形序值	汉字编码

首先按汉字的起笔至末笔各笔笔形"横、竖、撇、点、折"次序对汉字排列。如果上述笔形仍相同,则按汉字 UCS 编码从小到大排列。

表29　部分汉字笔形排序序值

UCS	汉字	笔形排序序值
03400	屮	00822
03401	丙	01580
03402	㐂	01684
03403	今	00226
03404	中	00118
03405	乂	00046
03406	肙	02103
03407	乞	00180
03408	乞	00159
03409	乞	00106

本规范给出了 GB 18030—2005 所包括的全部汉字的笔形排序序值,详见本书第二部分。

5.1.5　四角号码排序规则

表30　四角号码排序法汉字序值比较的优先顺序

1	2	3	4	5
四角号码	横笔笔画数	总笔画数	起笔至末笔各笔笔形序值	汉字编码

首先比较汉字的四角号码,从小到大排列。同号码的字需区分字中"横"笔的多少,从少到多排列。"横"笔数相同要比较整字的总笔画数,从少到多排列。总笔画数相同,比较起笔至末笔各笔笔形"横、竖、撇、点、折"次序对汉字排列。如果上述笔形仍相同,则按汉字 UCS 编码从小到大排列。

表 31 　部分汉字四角号码排序序值

UCS	汉字	四角号码排序序值
03400	止	05763
03401	丙	05301
03402	屯	32031
03403	仒	16389
03404	牛	43521
03405	乂	31134
03406	月	56419
03407	乞	32043
03408	仺	62336
03409	乞	05564

本规范给出了 GB 18030—2005 所包括的全部汉字的四角号码排序序值,详见本书第二部分。

5.2　汉字使用频度统计原则

汉字使用频度统计分为两类:常用汉字(30 000字以内)和大字符集汉字。

常用汉字使用频度统计要包括以下四个要素:统计资料、时间范围、分布和使用度、选字原则。

(1)统计资料:要求文字量大(大于100亿字),包括各个学科。

(2)时间范围:可以在现有汉字使用频度统计的基础上,通过加权平均的方法获得,但要指出选材的时间范围。

(3)分布和使用度:给出汉字在不同学科的分布,根据分布进行综合计算得出使用度。

(4)选字原则:要制定科学的选字原则。

大字符集汉字使用频度统计要通过网络对大量网页(大于1000亿个网页)中的汉字使用进行统计。在一个网页中出现则计一次,最后得出汉字在多少个网页中出现,作为汉字的使用频度。

本规范给出了 GB 18030—2005 所包括的全部汉字的使用频度统计,详见本书第二部分。

5.3　汉字规范构词原则

汉字规范构词需满足下面规则之一:

(1)国家标准或国家推荐标准中指出的规范词;

(2)两部以上权威性的字典和词典中出现的词;

（3）五部以上权威性的书籍中出现的词。

本规范给出了 GB 18030—2005 所包括的全部汉字的规范构词，详见本书第二部分。

6　存储格式

6.1　文件命名规则

6.1.1　文件命名一般规则

文件名是用来标识文件的一组相关信息的集合，计算机中的信息通常以文件的形式在存储器中保存。文件是数字化资源的主要存在形式，也是人们管理计算机信息的重要方式。文件名是为文件指定的名称。为了区分不同的文件，必须给每个文件命名，计算机对文件实行按名存取的操作方式。

6.1.1.1　DOS 操作系统文件命名规则

DOS 操作系统规定文件名由文件主名和扩展名组成。文件主名由 1—8 个字符组成，扩展名由 1—3 个字符组成，主名和扩展名之间由一个小圆点隔开，一般称为"8.3 规则"。其格式如下：

□□□□□□□□.□□□

例如：G090318. Doc，这里 G090318 是主名，Doc 是扩展名。文件主名和扩展名可以使用的字符如下：

（1）英文字母：A－z（大小写等价）。

（2）数字：0—9。

（3）汉字：任意汉字（一个汉字算 2 个字符）。

（4）特殊符号：$ #&@（ ）－［ ］^~ 等。

空格符、各种控制符和下列字符不能用在文件名中：／ ＼ ＜ ＞ ＊ ?，因为这些字符已做他用。

6.1.1.2　Windows 操作系统文件命名规则

Windows 突破了 DOS 对文件命名规则的限制，允许使用长文件名，其主要命名规则如下：

（1）文件名最长可以使用 255 个字符。

（2）可以使用扩展名。扩展名用来表示文件类型，也可以使用多间隔符的扩展名，如：win,ini,txt 是一个合法的文件名，但其文件类型由最后一个扩展名决定。

（3）文件名中允许使用空格，但不允许使用下列字符（英文输入法状态）：＜ ＞ ／ ＼ ｜ ： " ＊ ?。

（4）Windows 系统对文件名中字母的大小写在显示时有不同，但在使用时不区分大小写。

6.1.1.3　Linux 操作系统文件命名规则

（1）文件名最长可以使用 255 个字符。

（2）文件名中允许使用任意字符。

（3）文件名中字母的大小写在显示和使用时有不同。

6.1.2　文件和目录命名规则

文件命名规则：

（1）文件名统一用小写的英文字母、数字和下划线的组合。

（2）能够方便地理解每一个文件名的意义。

（3）文件名不宜太长，要以最少的字母达到最容易理解的意义，一般不超过 20 个字符。

（4）当我们在文件夹中使用"按名称排列"的命令时，同一种大类的文件能够排列在一起。

（5）文件名可以有多个单词，用"_"隔开。

（6）文件名要符合本专业或本行业的命名规则或习惯。

目录命名规则：

（1）不要将所有文件都存放在根目录下。

（2）按内容建立子目录。

（3）目录的层次不要太深，要以最少的层次提供最清晰简便的访问结构。

（4）目录名统一用小写的英文字母、数字和下划线的组合，不要使用中文目录。

（5）目录名不宜太长，要以最少的字母达到最容易理解的意义，一般不超过 20 个字符。

（6）目录名可以有多个单词，用"_"隔开。

（7）目录名要符合本专业或本行业的命名规则或习惯。

6.2　文本存储格式

6.2.1　文本存储推荐格式

表 32　文本存储格式

推荐格式	说　　　明
TXT	最常见的一种文件格式，只存文本信息。
PDF	PDF（Portable Document Format）是由 Adobe Systems 在 1993 年用于文件交换所发展出的文件格式。它的优点在于跨平台、能保留文件原有格式（Layout）、开放标准，能免版税（Royalty – free）自由开发 PDF 相容软体。
XML	XML，Extentsible Markup Language（可扩展标记语言）的缩写，是用来定义其他语言的一种元语言。XML 是计算机系统之间交换数据的增长很快的标准。微软采用这种版权语言（或称标准）来描述微软许多应用程序的 XML 数据。

数据文件是本规范定义的用于存储简单数据的文件。简单数据指关系简单的数据。例

如,可以用 Excel 表现的数据或用 CSV 格式存储的数据等。

数据文件格式定义:

(1)数据文件由多行组成,每条记录占一行;

(2)每条记录可以有多个字段,字段之间用空格符(可以是一个或多个)隔开;

(3)每个字段可以有多个值,两个值之间用一个半角分号符";"隔开;

(4)每个值可以有属性,属性在对应的"值"后用一对括号"( )"给出,括号中为值的属性描述;

(5)值中有空格符,则在该空格符前加转义符"\";

(6)值中有分号符,则在该分号符前加转义符"\";

(7)值中有转义符,则在该转义符前加转义符"\";

(8)值中有左括号符"(",则在该左括号符前加转义符"\";

(9)值中有右括号符")",则在该右括号符前加转义符"\";

(10)值中有回车符,则在该回车符前加转义符"\";

(11)第一条记录,可以是字段名的名称。

例1

汉字属性表"汉字内码编码表"用表格数据文件格式存储。示例如下:

UCS	字	Ucode	GBK	GB2312	GB18030	BIG5	JIS	CNS	GB12345
......									
04E07	万	4E07	CDF2	CDF2	CDF2	C945	969C	2-2126	F8F1
04E08	丈	4E08	D5C9	D5C9	D5C9	A456	8FE4	1-4437	D5C9
04E09	三	4E09	C8FD	C8FD	C8FD	A454	8E4F	1-4435	C8FD
04E0A	上	4E0A	C9CF	C9CF	C9CF	A457	8FE3	1-4438	C9CF
04E0B	下	4E0B	CFC2	CFC2	CFC2	A455	89BA	1-4436	CFC2
......									

该数据文件中,第一行为字段名的名称,从第二行开始每一行是一条记录,记录了一个汉字的内码信息。它由多列组成,每一列表示不同的字段,字段之间用空格分开。

例2

汉字属性表"汉字拼音编码表"用表格数据文件格式存储。示例如下:

......

0548A 咊 hé; hè

0548B 咋 zhà; zǎ; zhā

0548C 和 hé; hè; huó; huò; hú

......

该数据文件中,每一行是一条记录,记录了一个汉字的内码信息,它由多列组成,每一列表示不同的字段,每个字段可以有多个值,每个值之间用半角分号";"隔开,值可以有属性,属性描述在对应的"值"后一对括号"( )"中给出。字段之间用空格分开。

6.2.2　一般规则

纯文本文件用 TXT 格式存储;简单数据用数据文件格式存储;文档用 PDF 格式存储。这里的文档指由文字编辑软件创建,记录一件事情的文字性材料,如说明书、合同、规范、章程等。文献数字化后,要形成一个文本文件,该文件用 PDF 格式存储;用于交换的数据用 XML 格式存储、文献数字化后要形成一个对原文献进行描述的 XML 文件。

建议 TXT 格式存储的文件的内码为 Unicode 编码。

6.2.3　文本存储数据加工标准

文本数据加工标准参照《国家图书馆文本数据加工标准和操作指南》。

6.3　图像存储格式

6.3.1　图像存储推荐格式

表33　图像存储推荐格式

推荐格式	说　　明
BMP	BMP(Bitmap-File)图形文件是 Windows 采用的图形文件格式,在 Windows 环境下运行的所有图像处理软件都支持 BMP 图像文件格式。Windows 系统内部各图像绘制操作都是以 BMP 为基础的。BMP 位图文件默认的文件扩展名是 BMP 或者 bmp。
JPG2000	JPG2000 由 JPEG 组织负责制定的,它的正式名称叫做"ISO 15444",它作为 JPEG 的升级版,其压缩率比 JPEG 高约30%左右。与 JPEG 不同的是,JPEG2000 同时支持有损和无损压缩,而 JPEG 只能支持有损压缩。无损压缩对保存一些重要图片是十分有用的。JPEG2000 的一个极其重要的特征在于它能实现渐进传输。
JPG（JPEG）	JPEG(Joint Photographic Experts Group),是最常用的图像文件格式,是一种有损压缩格式,能够将图像压缩在很小的储存空间。JPEG 格式压缩的主要是高频信息,对色彩的信息保留较好,适合应用于互联网,可减少图像的传输时间,可以支持24bit 真彩色,也普遍应用于需要连续色调的图像。目前各类浏览器均支持 JPEG 这种图像格式,因为 JPEG 格式的文件尺寸较小,下载速度快。

续表

推荐格式	说　明
GIF	GIF(Graphics Interchange Format)是 CompuServe 公司在 1987 年开发的图像文件格式。是一种基于 LZW 算法的连续色调的无损压缩格式。其压缩率一般在 50% 左右。目前几乎所有相关软件都支持它,GIF 图像文件的数据是经过压缩的,而且是采用了可变长度等压缩算法。所以 GIF 的图像深度从 1bit 到 8bit,也即 GIF 最多支持 256 种色彩的图像。GIF 格式的另一个特点是其在一个 GIF 文件中可以存多幅彩色图像。
TIFF	TIFF 格式(Tag Image File Format)。文件扩展名为 tif 或 tiff,标志图像文件格式。TIFF 是一种比较灵活的图像格式。该格式支持 256 色、24 位真彩色、32 位色、48 位色等多种色彩位,在此同时支持 rgb、cmyk 以及 ycbcr 等多种色彩模式,支持多平台等。
PDF	将图像页嵌入 PDF 页保存。

6.3.2　一般规则

图像文件按应用分为三个级别:①保存级(母本)、专家访问级和一般浏览级。保存级图像文件应保持原件的全貌,用眼睛无法分辨其与原件的任何差异,用于保存和转换成其他各种级别的图像;②专家访问级图像文件应基本保持原件的全貌,用眼睛无法分辨其与原件的本质差异,用于高级阅读;③一般浏览级图像文件应基本反映原件的全貌,以基本保持原件特征的最低条件为准,用于普通阅读。保存级别用字母 A 表示;专家访问级别用字母 P 表示;一般浏览级别用字母 D 表示。

所有图像资源皆扫描加工为保存级,编辑加工仅允许裁切。保存级转换成专家访问级和一般浏览级时允许成比例扩展、锐化、去网纹、裁切、纠偏、去噪等。

6.3.3　图像存储数据加工标准

图像数据加工标准参照《国家图书馆图像数据加工标准和操作指南》。

6.4　音频存储格式

6.4.1　音频存储推荐格式

表 34　音频存储推荐格式

推荐格式	说　明
WAV	WAV 为微软公司(Microsoft)开发的一种声音文件格式。它符合 RIFF(Resource Interchange File Format) 文件规范,用于保存 Windows 平台的音频信息资源。该格式也支持 MSADPCM,CCITT A LAW 等多种压缩运算法,支持多种音频数字,取样频率和声道,标准格式化的 WAV 文件和 CD 格式一样。因此在声音文件质量和 CD 相差无几! WAV 打开工具是 WINDOWS 的媒体播放器。

推荐格式	说　明
MP3	MP3(MPEG Audio Layer Ⅲ)音频格式,诞生于 20 世纪 80 年代,是一种音频压缩技术,能够在音质丢失很小的情况下把文件压缩到更小的程度。而且还非常好地保持了原来的音质。正是因为 MP3 体积小,音质高的特点使得 MP3 格式几乎成为网上音乐的代名词。
AAC	AAC(Advanced Audio Coding)是高级音频编码的缩写。AAC 是由 Fraunhofer IIS – A、杜比和 AT&T 共同开发的一种音频格式,AAC 通过结合其他的功能来提高编码效率。AAC 的音频算法在压缩能力上远远超过了以前的一些压缩算法。它还同时支持多达 48 个音轨、15 个低频音轨、更多种采样率和比特率、多种语言的兼容能力,以及更高的解码效率。AAC 的优点是在低比特率下音质很好,在 96—160KB/S 的比特率下,AAC 基本上是首选。

6.4.2　一般规则

音频文件按应用分为两个级别:保存级和使用级。

保存级音频文件采用不压缩或无损压缩方式存储;使用级音频文件采用压缩方式存储。

6.4.3　音频存储数据加工标准

音频数据加工标准参照《国家图书馆音频数据加工标准和操作指南》。

6.5　视频存储格式

6.5.1　视频存储推荐格式

表 35　视频存储推荐格式

推荐格式	说　明
AVI	AVI(Audio Video Interleaved),即音频视频交错格式,是将语音和影像同步组合在一起的文件格式,应用范围非常广泛。AVI 支持 256 色和 RLE 压缩。AVI 信息主要应用在多媒体光盘上,用来保存电视、电影等各种影像信息。
MOV	MOV 即 QuickTime 影片格式。它是 Apple 公司开发的一种音频、视频文件格式,用于存储常用数字媒体类型。QuickTime 因具有跨平台、存储空间要求小等技术特点,而采用了有损压缩方式的 MOV 格式文件。
FLV	FLV 流媒体格式是一种新的视频格式,全称为 Flash Video,FLV 格式不仅可以轻松地导入 Flash 中,速度极快,并且能起到保护版权的作用,并且可以不通过本地的微软或者 REAL 播放器播放视频。由于它形成的文件极小、加载速度极快。
3GP	3GP 是一种 3G 流媒体的视频编码格式,使用户能够发送大量的数据到移动电话网络,从而传输大型文件。3GP 是新的移动设备标准格式,应用在手机、PSP 等移动设备上,优点是文件体积小,移动性强,适合移动设备使用。

推荐格式	说　　明
MP4	MP4(也叫 MPEG－4)是 MPEG 格式的一种,是活动图像的一种压缩方式。通过这种压缩,可以使用较小的文件提供较高的图像质量,是目前最流行(尤其在网络中)的视频文件格式之一。这种格式的好处是它不仅可覆盖低频带,也向高频带发展。
MPEG	MPEG(Moving Pictures Experts Group/Motin Pictures Experts Group)。MPEG 标准的视频压缩编码技术主要利用了具有运动补偿的帧间压缩编码技术以减小时间冗余度,利用 DCT 技术以减小图像的空间冗余度,利用熵编码则在信息表示方面减小了统计冗余度。这几种技术的综合运用,大大增强了压缩性能。
MPEG－2	MPEG－2 制定于 1994 年,设计目标是高级工业标准的图像质量以及更高的传输率。MPEG－2 所能提供的传输率在 3—10Mbits/sec 间,其在 NTSC 制式下的分辨率可达 720X486,MPEG－2 也可提供并能够提供广播级的视像和 CD 级的音质。MPEG－2 的音频编码可提供左右中及两个环绕声道,以及一个加重低音声道,和多达 7 个的伴音声道。
PS/TS	DVD 节目中的 MPEG－2 格式。MPEG2－PS 是 Program Stream,简称 PS 流。TS 的全称则是 Transport Stream。MPEG2－PS 主要应用于存储的具有固定时长的节目,如 DVD 电影,而 MPEG－TS 则主要应用于实时传送的节目,所以,MPEG2－TS 格式的特点就是要求从视频流的任一片段开始都是可以独立解码的。

6.5.2　一般规则

视频文件按应用分为两个级别:保存级和使用级。保存级视频文件一律采用 AVI 格式存储;使用级视频文件根据存储介质不同采用相应的格式存储:DVD 采用 AVI、MOV、MPEG－2、PS/TS 流;VCD 采用 AVI、MPEG、PS/TS 流;手机、网络采用 FLV、MP4、3GP。

6.5.3　视频存储数据加工标准

视频数据加工标准参照《国家图书馆视频数据加工标准和操作指南》。

7　传输格式

7.1　应用层网络协议

网络协议就是网络之间沟通、交流的桥梁。只有相同网络协议的计算机才能进行信息的沟通与交流。网络协议的本质是规则,即各种硬件和软件必须遵循的共同守则,也即通信协议。主要是对信息传输的速率、传输代码、代码结构、传输控制步骤、出错控制等作出规定,制定标准。

7.1.1　万维网

万维网(亦作"网络"、"WWW"、"W3",英文"Web"或"World Wide Web"),是一个资料空

间。在这个空间中:每个有用的事物,称为一种"资源";并且由一个全域"统一资源标识符"(URL)标识。这些资源通过超文本传输协议(Hypertext Transfer Protocol)传送给使用者,而后者通过点击链接来获得资源。

万维网的核心部分由三个标准构成:

● 统一资源标识符(URI),这是一个世界通用的、用于标识某一互联网资源名称的字符串。

● 超文本传送协议(HTTP),它负责规定浏览器和服务器怎样互相交流。

● 超文本标记语言(HTML),作用是定义超文本文档的结构和格式。

7.1.2 电子邮件

电子邮件(Electronic Mail,简称 E-mail,标志:@)又称电子信箱,它是一种用电子手段提供信息交换的通信方式,是 Internet 应用最广的服务。

电子邮件指用电子手段传送信件、单据、资料等信息的通信方法。电子邮件综合了电话通信和邮政信件的特点,它传送信息的速度和电话一样快,又能像信件一样使收信者在接收端收到文字记录。

常用的电子邮件协议有以下几种:

● 简单邮件传输协议 SMTP(Simple Mail Transfer Protocol):主要负责底层的邮件系统如何将邮件从一台机器传至另外一台机器。

● 邮局协议 POP(Post Office Protocol):目前的版本为 POP3,POP3 是把邮件从电子邮箱中传输到本地计算机的协议。

● Internet 邮件访问协议 IMAP(Internet Message Access Protocol):目前的版本为 IMAP4,是 POP3 的一种替代协议,提供了邮件检索和邮件处理的新功能,这样用户可以完全不必下载邮件正文就可以看到邮件的标题摘要,从邮件客户端软件就可以对服务器上的邮件和文件夹目录等进行操作。

7.1.3 即时通讯

即时通讯(Instant messaging,IM)是一个终端服务,允许两人或多人使用网路即时地传递文字讯息、档案、语音与视频交流;分手机即时通讯和网站即时通讯,手机即时通讯代表是短信,视频即时通讯如 QQ、MSM 等应用形式。

近年来,许多即时通讯服务开始提供视讯会议的功能,网络电话(VoIP)与网络会议服务开始整合为兼有影像会议与即时讯息的功能。于是,这些媒体的分别变得越来越模糊。

常用的即时通讯传送协议有以下几种:

● 可扩展通讯和表示协议(XMPP):用于流式传输准实时通信、表示和请求—响应服务等的 XML 元素。XMPP 基于 Jabber 协议,是用于即时通讯的一个开放且常用的协议。尽管 XMPP 没有被任何指定的网络架构所融合,它还是经常会被用于客户机／服务器架构当中,客户机需要利用 XMPP 协议通过 TCP 连接来访问服务器,而服务器也是通过 TCP 连接进行相互连接。

• 即时通讯对话初始协议和表示扩展协议(SIMPLE):SIMPLE 协议为 SIP 协议指定了一整套的架构和扩展方面的规范,而 SIP 是一种网际电话协议,可用于支持 IM/消息表示。SIP 能够传送多种方式的信号,如 INVITE 信号和 BYE 信号分别用于启动和结束会话。SIMPLE 协议在此基础上还增加了另一种方式的请求,即 MESSAGE 信号,可用于发送单一分页的即时通讯内容,即分页模式的即时通讯。SUBSCRIBE 信号用于请求把显示信息发送给请求者,而 NOTIFY 信号则用于传输显示信息。较长 IM 对话的参与者们需要传输多种的延时信息,它们使用 INVITE 和消息会话中继协议(MSRP)。与 SIMPLE 协议结合,MSRP 协议可用于 IM 的文本传输,正如与 SIP 协议相结合,RTP 协议就可以用于传输 IP 电话中的语音数据包一样。

• Jabber:Jabber 是一种开放的、基于 XML 的协议,用于即时通讯消息的传输与表示。国际互联网中成千上万的服务器都使用了基于 Jabber 协议的软件。Jabber 系统中的一个关键理念是"传输",也叫做"网关",支持用户使用其他协议访问网络,如 AIM 和 ICQ、MSN Messenger 和 Windows Messenger、SMS 或 E-mail。

• 即时通讯通用结构协议(CPIM):CPIM 定义了通用协议和消息的格式,即时通讯和显示服务都是通过 CPIM 来达到 IM 系统中的协作。

7.1.4　文件传输协议

文件传输协议(File Transfer Protocol, FTP)是一个用于在两台装有不同操作系统的机器中传输计算机文件的软件标准。它属于网络协议组的应用层。

FTP 有两种使用模式:主动和被动。主动模式要求客户端和服务器端同时打开并且监听一个端口以建立连接。被动模式只要求服务器端产生一个监听相应端口的进程。

7.1.5　X 窗口系统

X 窗口系统(X Window System,也常称为 X11 或 X)是一种以位图方式显示的软件窗口系统。它并不是一个软件,而是一个协议。X 窗口系统通过软件工具及架构协议来创建操作系统所用的图形用户界面,现在几乎所有的操作系统都能支持与使用 X。任何系统能满足此协议及符合 X 协会其他的规范,便可称为 X。

X Window 核心协议是 X Window 系统的基础协议,它是一个以位图显示的网络化视窗系统,用来在 Unix、类 Unix 和其他操作系统上建立使用者图形界面。X Window 系统基于主从式模型:单一服务器控管硬件的输出入,如屏幕、键盘和鼠标;所有的应用程式都被视作客户端,使用者之间透过服务器来互动。互动部分由 X Window 核心协议来管理。还有其他与 X Window 系统有关的协议,有的建立在 X Window 核心协议之上的,有的是独立的协议。

7.1.6　电子邮件协议

Internet 上传送电子邮件是通过一套称为邮件服务器的程序进行硬件管理并储存的。

当前常用的电子邮件协议有 SMTP、POP3、IMAP4,它们都隶属于 TCP/IP 协议簇,默认状态下,分别通过 TCP 端口 25、110 和 143 建立连接。

● SMTP 协议:SMTP 的全称是"Simple Mail Transfer Protocol",即简单邮件传输协议。它是一组用于从源地址到目的地址传输邮件的规范,通过它来控制邮件的中转方式。SMTP 协议属于 TCP/IP 协议簇,它帮助每台计算机在发送或中转信件时找到下一个目的地。SMTP 服务器就是遵循 SMTP 协议的发送邮件服务器。SMTP 认证要求必须在提供了账户名和密码之后,才可以登录 SMTP 服务器。这就使得那些垃圾邮件的散播者无可乘之机。增加 SMTP 认证的目的是为了使用户避免受到垃圾邮件的侵扰。

● POP 协议:POP 邮局协议负责从邮件服务器中检索电子邮件。它要求邮件服务器完成下面几种任务之一:从邮件服务器中检索邮件并从服务器中删除这个邮件;从邮件服务器中检索邮件但不删除它;不检索邮件,只是询问是否有新邮件到达。POP 协议支持多用户互联网邮件扩展,后者允许用户在电子邮件上附带二进制文件,如文字处理文件和电子表格文件等,实际上这样就可以传输任何格式的文件了,包括图片和声音文件等。在用户阅读邮件时,POP 命令所有的邮件信息立即下载到用户的计算机上,不在服务器上保留。

● IMAP 协议:互联网信息访问协议(IMAP)是一种优于 POP 的新协议。和 POP 一样,IMAP 也能下载邮件、从服务器中删除邮件或询问是否有新邮件,但 IMAP 克服了 POP 的一些缺点。例如,它可以决定客户机请求邮件服务器提交所收到邮件的方式,请求邮件服务器只下载所选中的邮件而不是全部邮件。客户机可先阅读邮件信息的标题和发送者的名字再决定是否下载这个邮件。通过用户的客户机电子邮件程序,IMAP 可让用户在服务器上创建并管理邮件文件夹或邮箱、删除邮件、查询某封信的一部分或全部内容,完成所有这些工作时都不需要把邮件从服务器下载到用户的个人计算机上。

7.2 文本传输格式

7.2.1 文本传输推荐格式

文本传输推荐格式:TXT、PDF、XML。

7.2.2 一般规则

文本文件传输格式与存储格式一致。

7.2.3 文本传输数据加工标准

文本数据加工标准参照《国家图书馆文本数据加工标准和操作指南》。

7.3 图像传输格式

7.3.1 图像传输推荐格式

图像传输推荐格式:BMP、JPG2000、JPG(JPEG)、GIF、TIFF、PDF。

7.3.2 一般规则

用于传输的图像文件按应用分为两个级别:专家访问级和一般浏览级。专家访问级别用字母 P 表示;一般浏览级别用字母 D 表示。

7.3.3 图像传输数据加工标准

图像数据加工标准参照《国家图书馆图像数据加工标准和操作指南》。

7.4 音频传输格式

7.4.1 音频传输推荐格式

音频传输推荐格式:MP3、AAC。

7.4.2 一般规则

使用级音频文件为音频传输格式文件。使用级音频文件采用压缩方式存储。

7.4.3 音频传输数据加工标准

音频数据加工标准参照《国家图书馆音频数据加工标准和操作指南》。

7.5 视频传输格式

7.5.1 视频传输推荐格式

视频传输推荐格式:AVI、MOV、FLV、MP4、3GP、MPEG、MPEG – 2、PS/TS。

7.5.2 一般规则

使用级视频文件为视频传输格式文件。使用级视频文件根据传输介质不同采用相应的格式传输:DVD 采用 AVI、MOV、MPEG – 2、PS/TS 流;VCD 采用 AVI、MPEG、PS/TS 流;手机、网络采用 FLV、MP4、3GP。

7.5.3 视频传输数据加工标准

视频数据加工标准参照《国家图书馆视频数据加工标准和操作指南》。

7.6 元数据格式

7.6.1 有代表性的元数据格式

表 36　有代表性的元数据格式

格式	名称	说　明
DC(Dublin Core Metadata)	都柏林核心元数据	1995 年 3 月,由 OCLC 与 NCSA 联合发起,52 位来自图书馆界、电脑网络界专家共同研究产生。目的是希望建立一套描述网络电子文献的方法,以便网上信息检索。后来形成 DC 元数据标准,包括 15 个"核心元素"的集合,由 DCMI 负责维护。

续表

格式	名称	说　明
MARC(Machine Readable Catalogue)	机读目录格式	MARC 数据最早产生于美国。为了进一步协调、促进国际交流,统一各国机读目录格式,国际图书馆联合会在 USMARC 基础上制订 UNIMARC,现在许多国家都采用 UNIMARC 进行文献编目。
CNMARC(China Machine–Readable Catalogue)	中国机读目录	用于中国国家书目机构同其他国家书目机构以及中国国内图书馆与情报部门之间,以标准的计算机可读形式交换书目信息。1992 年 2 月正式使用。
MODS(Metadata Object Description Schema)	元数据描述对象模式	提取 MARC 记录中的部分内容,用 XML 模式定义为一个新的元数据对象。
METS(Metadata Encoding and Transmission Standard)	元数据编码及传输标准	要在不同的系统之间进行数字对象的相互转换,需要一个统一的标准 XML 封装规范,而 METS 正是提供了这样一个规范。METS 也可以用于开发文档信息系统参考模型的提交信息包(SIP)、归档信息包(AIP)、分发信息包(DIP)等。
EAD(Encoded Archival Description)	档案元数据	在 SGML DTD 的基础上结构化描述资源的元数据模型。利用它可方便地检索一组档案或手稿,包括文本档案、电子档案、视听档案。
RDF(Resource Description Framework)	资源元数据	人们可以通过利用 RDF 对元数据进行编码、交换。RDF 是实现元数据互操作的通用语法模式。
CDWA(Categories for the Description of Works of Art)	艺术品资源描述元数据	艺术作品的描述需反映其时代特征、艺术特征与物质特征,CDWA 是从这些方面着手设计元数据模型的。CDWA 在用元数据结构化描述艺术作品方面是一个里程碑。
FGDC(Federal Geographical Data Committee)	美国联邦地理数据委员会	FGDC 元数据涉及内容、质量、条件及其他数据特征。FGDC CSDGM 应用面较广,美国农业、商业、国防、能源、住房与郊区开发、交通、环境保护等部门的有关人员都参与了这项工作。
GILS(Government Information Locator Service)	政府信息定位服务	美国开放式的信息资源进行标识、定位、检索、获取服务(包括电子资源)。GILS 是关于行政政策、规章、公民事务信息与技术的服务。它帮助公众了解信息与获取信息。
TEI(Text Encoding Initiative)	文本编码工程	描述了电子文本描述方法、标记定义、文档结构。TEI 使用 SGML 作为数据文档的编码基础,拟定了标准的编码格式。TEI 支持对各种类型或特征的文档进行编码。
VRA(Visual Resources Association Data)	可视资源协会元数据	VRA3.0 在 Dublin Core 的基础上,结合作品与图像的特点,构筑专业化资源描述的模式。

7.6.2 其他常用元数据格式

表 37 其他常用元数据格式

格式	名称	说明
CDF	频道定义格式	使用 XML,并对 XML 和 Web Collections 进行扩展,面向创建网页的个人或机构。
ROADS	资源发现	国家高等教育领域对互联网信息资源进行收集组织并提供检索服务的系统。
IEEE LOM	IEEE 学习对象元数据	由 IEEE 学习技术标准委员会 P1848.12 学习对象元数据工作组建立,用以完整、充分地描述一个学习对象的特征。
BibTex	科技文献书目资源格式	描述科技文献书目资源的格式,是 LaTeX 的一部分。
GEM	教育资源网关	组织和整合美国各类网站上的教育资源。
CIMI	博物馆信息计算机交换标准框架	提供对各类博物馆信息的记录方式。
REACH	元数据格式	提供博物馆资源在线服务。
ONIX	在线信息交换	描述、传递和交换出版物元数据。
EELS	工程电子化图书馆	瑞典大学技术图书馆的一个合作计划,为网络信息资源的质量评价提供一个信息系统。
EEVL	爱丁堡工程虚拟图书馆	爱丁堡工程虚拟图书馆是欧洲电子图书馆计划资助的计划。
MOA2	美国的创建 II	是关于数字图像的元数据。
MCF	元内容框架	数据模型和相应的交换格式。
PICA$^+$	荷兰图书馆自动化中心	为荷兰图书馆和德国图书馆网络提供共享编目、馆际互借以及文件传送等服务。
PICS	网络内容选择平台	使用户能够轻松找到合适的内容又避免那些对自己或儿童不适合、不需要的内容。
SOIF	概略对象交换格式	科罗拉多大学 Harvest 体系的一部分。
IAFA/WHIOS ++Templates	因特网匿名 FTP 文件库版式	一个记录格式,可以被 FTP 文件库管理员用来描述来自这些文件库的各种资源。

格式	名称	说　明
ICPSR SGML Codebook	政治和社会研究方面的校际联盟	描述社会科学数据集的结构化信息集。
LDAP DIF	轻便型目录获取协议	为那些在 OSI 低层中无法运行目录获取协议的机器提供获取 X.500 目录服务的方式。
RFC 1807	书目记录格式	描述计算机科学技术报告和以 FTP 等网络资源形式存储在网络服务器中的文档。
URCs	统一资源特征	全面确保电子资源的机器可检索性。
SGML	通用标准标记语言	利用通用方式和元标识语言（Meta Language）对文献内容和结构进行标记。
Warwick Framework	Warwick 框架	一个集合元数据对象的结合性结构。
Web Collections	网站集合	用于描述网页资源的性质，建立一个标准元数据框架。
XML	可扩展标记语言	不仅仅是一个标记语言，还是一个元语言，允许用户设计自己的标记语言。

8　全文显示

8.1　字符显示

全文显示过程中，客户端的用户会遇到集外字问题。

8.1.1　集外字编码

集外字编码必须定义在 Unicode 编码字符集用户自定义位置。

两字节的用户自定义区为 E000—F8FF。

在 Unicode 5.0 版本中，已定义的码位有238 605个，分布在平面 0、平面 1、平面 2……平面 14、平面 15、平面 16。其中平面 15 和平面 16 定义了两个各占65 534个码位的用户自定义区，分别是 0xF0000—0xFFFFD 和 0x100000—0x10FFFD。

8.1.2　集外字处理一般规则

（1）在全文数字化过程中，当遇到集外字时，不能贴图。

（2）根据认同规则可以认同的集外字要将其认同为系统字。

（3）不能认同的集外字要造字，在国际标准字符编码用户自定义区中给出编码。

(4)一个集外字不能有多个编码。

(5)不同字体的同一个集外字编码相同。

8.1.3　集外字显示处理

(1)可以存储为 PDF 格式的全文用 PDF 格式存储,存储时加入外字字形信息。

(2)对不能正常显示集外字的客户端,处理方法如下:

• 若客户端没有国际标准字符集字库(也称大字符集字库),则首先应该安装大字符集字库。

• 在客户端提供下载、安装"集外字字库包"的工具,或在客户端提供自动下载、安装"集外字字库包"的插件(一种使用集外字处理技术的插件)。

8.2　显示方式

数字化全文的显示方式有三种:全文版式还原、纯文本和图像。

数字图书馆在对文献进行数字化时,最基本的方式是扫描图像,读者通过浏览图像得到文献的信息,其缺点是不能逐字检索;第二种方式是对文献中的文字数字化,没有版式信息,读者可以同时浏览文本文字和原扫描图像,其缺点是版式信息与数字化文本分离;第三种方式是全文版式还原,读者可以看见数字化后的原文献的全貌。

附录 A
（资料性附录）
汉语拼音和韦氏拼音对照表

下面是所有拼音对应的韦氏拼音,每行有两部分,两部分之间用"－"隔开,第一部分是拼音;第二部分是韦氏拼音。

a – a	cang – ts'ang	ci – tz'u	dou – tou
ai – ai	cao – ts'ao	cong – ts'ung	du – tu
an – an	ce – ts'e	cou – ts'ou	duan – tuan
ang – ang	cei – ts'ei	cu – ts'u	dui – tui
ao – ao	cen – ts'en	cuan – ts'uan	dun – tun
ba – pa	ceng – ts'eng	cui – ts'ui	duo – to
bai – pai	cha – ch'a	cun – ts'un	e – o
ban – pan	chai – ch'ai	cuo – ts'o	ei – eh
bang – pang	chan – ch'an	da – ta	en – en
bao – pao	chang – ch'ang	dai – tai	eng – eng
bei – pei	chao – ch'ao	dan – tan	er – erh
ben – pen	che – ch'e	dang – tang	fa – fa
beng – peng	chen – ch'en	dao – tao	fan – fan
bi – pi	cheng – ch'eng	de – te	fang – fang
bian – pien	chi – ch'ih	dei – tei	fei – fei
biao – piao	chong – ch'ung	den – ten	fen – fen
bie – pieh	chou – ch'ou	deng – teng	feng – feng
bin – pin	chu – ch'u	di – ti	fiao – fiao
bing – ping	chua – ch'ua	dia – tia	fo – fo
bo – po	chuai – ch'uai	dian – tien	fou – fou
bu – pu	chuan – ch'uan	diao – tiao	fu – fu
bun – pun	chuang – ch'uang	die – tieh	ga – ka
ca – ts'a	chui – ch'ui	ding – ting	gai – kai
cai – ts'ai	chun – ch'un	diu – tiu	gan – kan
can – ts'an	chuo – ch'o	dong – tung	gang – kang

gao – kao	hui – hui	kui – k'uei	mang – mang
ge – ko	hun – hun	kun – k'un	mao – mao
gei – kei	huo – huo	kuo – k'uo	me – me
gen – ken	ji – chi	la – la	mei – mei
geng – keng	jia – chia	lai – lai	men – men
gong – kung	jian – chien	lan – lan	meng – meng
gou – kou	jiang – chiang	lang – lang	mi – mi
gu – ku	jiao – chiao	lao – lao	mian – mien
gua – kua	jie – chieh	le – le	miao – miao
guai – kuai	jin – chin	lei – lei	mie – mieh
guan – kuan	jing – ching	leng – leng	min – min
guang – kuang	jiong – chiung	li – li	ming – ming
gui – kuei	jiu – chiu	lia – lia	miu – miu
gun – kun	ju – chü	lian – lien	mo – mo
guo – kuo	juan – chüan	liang – liang	mou – mou
ha – ha	jue – chüeh	liao – liao	mu – mu
hai – hai	jun – chün	lie – lieh	n – n
han – han	ka – k'a	lin – lin	na – na
hang – hang	kai – k'ai	ling – ling	nai – nai
hao – hao	kan – k'an	liu – liu	nan – nan
he – ho	kang – k'ang	lo – lo	nang – nang
hei – hei	kao – k'ao	long – lung	nao – nao
hen – hen	ke – k'o	lou – lou	ne – ne
heng – heng	kei – k'ei	lu – lu	nei – nei
hm – hm	ken – k'en	lv – lü	nen – nen
hng – hng	keng – k'eng	luan – luan	neng – neng
hong – hung	kong – k'ung	lve – lüeh	ng – ng
hou – hou	kou – k'ou	lun – lun	ni – ni
hu – hu	ku – k'u	luo – lo	nian – nien
hua – hua	kua – k'ua	m – m	niang – niang
huai – huai	kuai – k'uai	ma – ma	niao – niao
huan – huan	kuan – k'uan	mai – mai	nie – nieh
huang – huang	kuang – k'uang	man – man	nin – nin

ning – ning	qiao – ch'iao	sha – sha	tei – t'ei
niu – niu	qie – ch'ieh	shai – shai	teng – t'eng
nong – nung	qin – ch'in	shan – shan	ti – t'i
nou – nou	qing – ch'ing	shang – shang	tian – t'ien
nu – nu	qiong – ch'iung	shao – shao	tiao – t'iao
nv – nü	qiu – ch'iu	she – she	tie – t'ieh
nuan – nuan	qu – ch'ü	shei – shei	ting – t'ing
nve – nüeh	quan – ch'üan	shen – shen	tong – t'ung
nun – nun	que – ch'üeh	sheng – sheng	tou – t'ou
nuo – no	qun – ch'ün	shi – shih	tu – t'u
o – o	ran – jan	shou – shou	tuan – t'uan
ou – ou	rang – jang	shu – shu	tui – t'ui
pa – p'a	rao – jao	shua – shua	tun – t'un
pai – p'ai	re – je	shuai – shuai	tuo – t'o
pan – p'an	ren – jen	shuan – shuan	wa – wa
pang – p'ang	reng – jeng	shuang – shuang	wai – wai
pao – p'ao	ri – jih	shui – shui	wan – wan
pei – p'ei	rong – jung	shun – shun	wang – wang
pen – p'en	rou – jou	shuo – shuo	wei – wei
peng – p'eng	ru – ju	si – ssu	wen – wen
pi – p'i	rua – jua	song – sung	weng – weng
pian – p'ien	ruan – juan	sou – sou	wo – wo
piao – p'iao	rui – jui	su – su	wu – wu
pie – p'ieh	run – jun	suan – suan	xi – hsi
pin – p'in	ruo – jo	sui – sui	xia – hsia
ping – p'ing	sa – sa	sun – sun	xian – hsien
po – p'o	sai – sai	suo – so	xiang – hsiang
pou – p'ou	san – san	ta – t'a	xiao – hsiao
pu – p'u	sang – sang	tai – t'ai	xie – hsieh
qi – ch'i	sao – sao	tan – t'an	xin – hsin
qia – ch'ia	se – se	tang – t'ang	xing – hsing
qian – ch'ien	sen – sen	tao – t'ao	xiong – hsiung
qiang – ch'iang	seng – seng	te – t'e	xiu – hsiu

46

xu – hsü	yu – yü	zhan – chan	zhui – chui
xuan – hsüan	yuan – yüan	zhang – chang	zhun – chun
xue – hsüeh	yue – yüeh	zhao – chao	zhuo – cho
xun – hsün	yun – yün	zhe – che	zi – tzu
ya – ya	za – tsa	zhei – chei	zong – tsung
yan – yen	zai – tsai	zhen – chen	zo – tso
yang – yang	zan – tsan	zheng – cheng	zou – tsou
yao – yao	zang – tsang	zhi – chih	zu – tsu
ye – yeh	zao – tsao	zhong – chung	zuan – tsuan
yi – i	ze – tse	zhou – chou	zui – tsui
yin – yin	zei – tsei	zhu – chu	zun – tsun
ying – ying	zen – tsen	zhua – chua	zuo – tso
yo – yo	zeng – tseng	zhuai – chuai	
yong – yung	zha – cha	zhuan – chuan	
you – yu	zhai – chai	zhuang – chuang	

附录 B
（资料性附录）
汉语拼音和注音对照表

　　下面是所有拼音对应的注音,每行有两部分,两部分之间用"－"隔开,第一部分是拼音;第二部分是注音。

a － ㄚ	cang － ㄘㄤ	ci － ㄘ	dou － ㄉㄡ
ai － ㄞ	cao － ㄘㄠ	cong － ㄘㄨㄥ	du － ㄉㄨ
an － ㄢ	ce － ㄘㄜ	cou － ㄘㄡ	duan － ㄉㄨㄢ
ang － ㄤ	cei － ㄘㄟ	cu － ㄘㄨ	dui － ㄉㄨㄟ
ao － ㄠ	cen － ㄘㄣ	cuan － ㄘㄨㄢ	dun － ㄉㄨㄣ
ba － ㄅㄚ	ceng － ㄘㄥ	cui － ㄘㄨㄟ	duo － ㄉㄨㄛ
bai － ㄅㄞ	cha － ㄔㄚ	cun － ㄘㄨㄣ	e － ㄜ
ban － ㄅㄢ	chai － ㄔㄞ	cuo － ㄘㄨㄛ	ei － ㄝ
bang － ㄅㄤ	chan － ㄔㄢ	da － ㄉㄚ	en － ㄣ
bao － ㄅㄠ	chang － ㄔㄤ	dai － ㄉㄞ	eng － ㄥ
bei － ㄅㄟ	chao － ㄔㄠ	dan － ㄉㄢ	er － ㄦ
ben － ㄅㄣ	che － ㄔㄜ	dang － ㄉㄤ	fa － ㄈㄚ
beng － ㄅㄥ	chen － ㄔㄣ	dao － ㄉㄠ	fan － ㄈㄢ
bi － ㄅㄧ	cheng － ㄔㄥ	de － ㄉㄜ	fang － ㄈㄤ
bian － ㄅㄧㄢ	chi － ㄔ	dei － ㄉㄟ	fei － ㄈㄟ
biao － ㄅㄧㄠ	chong － ㄔㄨㄥ	den － ㄉㄣ	fen － ㄈㄣ
bie － ㄅㄧㄝ	chou － ㄔㄡ	deng － ㄉㄥ	feng － ㄈㄥ
bin － ㄅㄧㄣ	chu － ㄔㄨ	di － ㄉㄧ	fiao － ㄈㄧㄠ
bing － ㄅㄧㄥ	chua － ㄔㄨㄚ	dia － ㄉㄧㄚ	fo － ㄈㄛ
bo － ㄅㄛ	chuai － ㄔㄨㄞ	dian － ㄉㄧㄢ	fou － ㄈㄡ
bu － ㄅㄨ	chuan － ㄔㄨㄢ	diao － ㄉㄧㄠ	fu － ㄈㄨ
bun － ㄅㄨㄣ	chuang － ㄔㄨㄤ	die － ㄉㄧㄝ	ga － ㄍㄚ
ca － ㄘㄚ	chui － ㄔㄨㄟ	ding － ㄉㄧㄥ	gai － ㄍㄞ
cai － ㄘㄞ	chun － ㄔㄨㄣ	diu － ㄉㄧㄡ	gan － ㄍㄢ
can － ㄘㄢ	chuo － ㄔㄨㄛ	dong － ㄉㄨㄥ	gang － ㄍㄤ

gao – ㄍㄠ	hui – ㄏㄨㄟ	kui – ㄎㄨㄟ	mang – ㄇㄤ
ge – ㄍㄜ	hun – ㄏㄨㄣ	kun – ㄎㄨㄣ	mao – ㄇㄠ
gei – ㄍㄟ	huo – ㄏㄨㄛ	kuo – ㄎㄨㄛ	me – ㄇㄜ
gen – ㄍㄣ	ji – ㄐㄧ	la – ㄌㄚ	mei – ㄇㄟ
geng – ㄍㄥ	jia – ㄐㄧㄚ	lai – ㄌㄞ	men – ㄇㄣ
gong – ㄍㄨㄥ	jian – ㄐㄧㄢ	lan – ㄌㄢ	meng – ㄇㄥ
gou – ㄍㄡ	jiang – ㄐㄧㄤ	lang – ㄌㄤ	mi – ㄇㄧ
gu – ㄍㄨ	jiao – ㄐㄧㄠ	lao – ㄌㄠ	mian – ㄇㄧㄢ
gua – ㄍㄨㄚ	jie – ㄐㄧㄝ	le – ㄌㄜ	miao – ㄇㄧㄠ
guai – ㄍㄨㄞ	jin – ㄐㄧㄣ	lei – ㄌㄟ	mie – ㄇㄧㄝ
guan – ㄍㄨㄢ	jing – ㄐㄧㄥ	leng – ㄌㄥ	min – ㄇㄧㄣ
guang – ㄍㄨㄤ	jiong – ㄐㄩㄥ	li – ㄌㄧ	ming – ㄇㄧㄥ
gui – ㄍㄨㄟ	jiu – ㄐㄧㄡ	lia – ㄌㄧㄚ	miu – ㄇㄧㄡ
gun – ㄍㄨㄣ	ju – ㄐㄩ	lian – ㄌㄧㄢ	mo – ㄇㄛ
guo – ㄍㄨㄛ	juan – ㄐㄩㄢ	liang – ㄌㄧㄤ	mou – ㄇㄡ
ha – ㄏㄚ	jue – ㄐㄩㄝ	liao – ㄌㄧㄠ	mu – ㄇㄨ
hai – ㄏㄞ	jun – ㄐㄩㄣ	lie – ㄌㄧㄝ	n – ㄋ
han – ㄏㄢ	ka – ㄎㄚ	lin – ㄌㄧㄣ	na – ㄋㄚ
hang – ㄏㄤ	kai – ㄎㄞ	ling – ㄌㄧㄥ	nai – ㄋㄞ
hao – ㄏㄠ	kan – ㄎㄢ	liu – ㄌㄧㄡ	nan – ㄋㄢ
he – ㄏㄜ	kang – ㄎㄤ	lo – ㄌㄛ	nang – ㄋㄤ
hei – ㄏㄟ	kao – ㄎㄠ	long – ㄌㄨㄥ	nao – ㄋㄠ
hen – ㄏㄣ	ke – ㄎㄜ	lou – ㄌㄡ	ne – ㄋㄜ
heng – ㄏㄥ	kei – ㄎㄟ	lu – ㄌㄨ	nei – ㄋㄟ
hm – ㄏㄇ	ken – ㄎㄣ	lv – ㄌㄩ	nen – ㄋㄣ
hng – ㄏㄥ	keng – ㄎㄥ	luan – ㄌㄨㄢ	neng – ㄋㄥ
hong – ㄏㄨㄥ	kong – ㄎㄨㄥ	lve – ㄌㄩㄝ	ng – ㄥ
hou – ㄏㄡ	kou – ㄎㄡ	lun – ㄌㄨㄣ	ni – ㄋㄧ
hu – ㄏㄨ	ku – ㄎㄨ	luo – ㄌㄨㄛ	nian – ㄋㄧㄢ
hua – ㄏㄨㄚ	kua – ㄎㄨㄚ	m – ㄇ	niang – ㄋㄧㄤ
huai – ㄏㄨㄞ	kuai – ㄎㄨㄞ	ma – ㄇㄚ	niao – ㄋㄧㄠ
huan – ㄏㄨㄢ	kuan – ㄎㄨㄢ	mai – ㄇㄞ	nie – ㄋㄧㄝ
huang – ㄏㄨㄤ	kuang – ㄎㄨㄤ	man – ㄇㄢ	nin – ㄋㄧㄣ

ning – ㄋㄧㄥ	qiao – ㄑㄧㄠ	sha – ㄕㄚ	tei – ㄊㄟ
niu – ㄋㄧㄡ	qie – ㄑㄧㄝ	shai – ㄕㄞ	teng – ㄊㄥ
nong – ㄋㄨㄥ	qin – ㄑㄧㄣ	shan – ㄕㄢ	ti – ㄊㄧ
nou – ㄋㄡ	qing – ㄑㄧㄥ	shang – ㄕㄤ	tian – ㄊㄧㄢ
nu – ㄋㄨ	qiong – ㄑㄩㄥ	shao – ㄕㄠ	tiao – ㄊㄧㄠ
nv – ㄋㄩ	qiu – ㄑㄧㄡ	she – ㄕㄜ	tie – ㄊㄧㄝ
nuan – ㄋㄨㄢ	qu – ㄑㄩ	shei – ㄕㄟ	ting – ㄊㄧㄥ
nve – ㄋㄩㄝ	quan – ㄑㄩㄢ	shen – ㄕㄣ	tong – ㄊㄨㄥ
nun – ㄋㄨㄣ	que – ㄑㄩㄝ	sheng – ㄕㄥ	tou – ㄊㄡ
nuo – ㄋㄨㄛ	qun – ㄑㄩㄣ	shi – ㄕ	tu – ㄊㄨ
o – ㄛ	ran – ㄖㄢ	shou – ㄕㄡ	tuan – ㄊㄨㄢ
ou – ㄡ	rang – ㄖㄤ	shu – ㄕㄨ	tui – ㄊㄨㄟ
pa – ㄆㄚ	rao – ㄖㄠ	shua – ㄕㄨㄚ	tun – ㄊㄨㄣ
pai – ㄆㄞ	re – ㄖㄜ	shuai – ㄕㄨㄞ	tuo – ㄊㄨㄛ
pan – ㄆㄢ	ren – ㄖㄣ	shuan – ㄕㄨㄢ	wa – ㄨㄚ
pang – ㄆㄤ	reng – ㄖㄥ	shuang – ㄕㄨㄤ	wai – ㄨㄞ
pao – ㄆㄠ	ri – ㄖ	shui – ㄕㄨㄟ	wan – ㄨㄢ
pei – ㄆㄟ	rong – ㄖㄨㄥ	shun – ㄕㄨㄣ	wang – ㄨㄤ
pen – ㄆㄣ	rou – ㄖㄡ	shuo – ㄕㄨㄛ	wei – ㄨㄟ
peng – ㄆㄥ	ru – ㄖㄨ	si – ㄙ	wen – ㄨㄣ
pi – ㄆㄧ	rua – ㄖㄨㄚ	song – ㄙㄨㄥ	weng – ㄨㄥ
pian – ㄆㄧㄢ	ruan – ㄖㄨㄢ	sou – ㄙㄡ	wo – ㄨㄛ
piao – ㄆㄧㄠ	rui – ㄖㄨㄟ	su – ㄙㄨ	wu – ㄨ
pie – ㄆㄧㄝ	run – ㄖㄨㄣ	suan – ㄙㄨㄢ	xi – ㄒㄧ
pin – ㄆㄧㄣ	ruo – ㄖㄨㄛ	sui – ㄙㄨㄟ	xia – ㄒㄧㄚ
ping – ㄆㄧㄥ	sa – ㄙㄚ	sun – ㄙㄨㄣ	xian – ㄒㄧㄢ
po – ㄆㄛ	sai – ㄙㄞ	suo – ㄙㄨㄛ	xiang – ㄒㄧㄤ
pou – ㄆㄡ	san – ㄙㄢ	ta – ㄊㄚ	xiao – ㄒㄧㄠ
pu – ㄆㄨ	sang – ㄙㄤ	tai – ㄊㄞ	xie – ㄒㄧㄝ
qi – ㄑㄧ	sao – ㄙㄠ	tan – ㄊㄢ	xin – ㄒㄧㄣ
qia – ㄑㄧㄚ	se – ㄙㄜ	tang – ㄊㄤ	xing – ㄒㄧㄥ
qian – ㄑㄧㄢ	sen – ㄙㄣ	tao – ㄊㄠ	xiong – ㄒㄩㄥ
qiang – ㄑㄧㄤ	seng – ㄙㄥ	te – ㄊㄜ	xiu – ㄒㄧㄡ

xu – ㄒㄩ

xuan – ㄒㄩㄢ

xue – ㄒㄩㄝ

xun – ㄒㄩㄣ

ya – ㄧㄚ

yan – ㄧㄢ

yang – ㄧㄤ

yao – ㄧㄠ

ye – ㄧㄝ

yi – ㄧ

yin – ㄧㄣ

ying – ㄧㄥ

yo – ㄩㄛ

yong – ㄩㄥ

you – ㄧㄡ

yu – ㄩ

yuan – ㄩㄢ

yue – ㄩㄝ

yun – ㄩㄣ

za – ㄗㄚ

zai – ㄗㄞ

zan – ㄗㄢ

zang – ㄗㄤ

zao – ㄗㄠ

ze – ㄗㄜ

zei – ㄗㄟ

zen – ㄗㄣ

zeng – ㄗㄥ

zha – ㄓㄚ

zhai – ㄓㄞ

zhan – ㄓㄢ

zhang – ㄓㄤ

zhao – ㄓㄠ

zhe – ㄓㄜ

zhei – ㄓㄟ

zhen – ㄓㄣ

zheng – ㄓㄥ

zhi – ㄓ

zhong – ㄓㄨㄥ

zhou – ㄓㄡ

zhu – ㄓㄨ

zhua – ㄓㄨㄚ

zhuai – ㄓㄨㄞ

zhuan – ㄓㄨㄢ

zhuang – ㄓㄨㄤ

zhui – ㄓㄨㄟ

zhun – ㄓㄨㄣ

zhuo – ㄓㄨㄛ

zi – ㄗ

zong – ㄗㄨㄥ

zo – ㄗㄛ

zou – ㄗㄡ

zu – ㄗㄨ

zuan – ㄗㄨㄢ

zui – ㄗㄨㄟ

zun – ㄗㄨㄣ

zuo – ㄘㄚ

参考文献

1. 许嘉璐. 现代汉语规范词典. 北京:外语教学与研究出版社,2004

2. 汪耀楠. 国际标准汉字词典. 北京:外语教学与研究出版社,2005

3. 汉语大词典编委会. 汉语大词典. 北京:商务印书馆,2003

4. 宛志文. 汉语大字典. 成都:四川辞书出版社,1999

5. 中国文字改革委员会. 简化字总表. 北京:文字改革出版社,1986

6. 张玉书,王引之. 康熙字典. 上海:上海古籍出版社,1996

7. 刘复,李家瑞. 宋元以来俗字谱. 北京:文字改革出版社,1957

8. 国家语言文字工作委员会,国家标准局. 字频统计法及学术. 北京:语文出版社,1992

9. 郑易里,郑珑. 郑码输入法手册. 北京:电子工业出版社,1995

10. 中国汉字编码研究会. 汉字编码方案汇编. 北京:科学技术文献出版社,1980

11. 郑易里. 字根通用码. 北京:知识产权出版社,2006

12. 张书岩. 标准字典(四角号码版). 北京:汉语大词典出版社,2004

13. 杨自翔. 四角号码新词典. 北京:商务印书馆,1983

14. 许嘉璐. 汉字标准字典. 沈阳:辽宁大学出版社,2001

第二部分　计算机中文信息处理规范应用指南

1 汉字编码

1.1 汉字内码

1.1.1 汉字内码编码表

1.1.1.1 概述

汉字内码编码表给出 GB 18030—2005 字符集中每个汉字的 Ucode、GBK、GB 2312、GB 18030、BIG5、JIS、CNS、GB 12345、GB 13000、GB 13131 和 GB 13132 编码。

1.1.1.2 标准简介

（1）Ucode

指 Unicode 编码。是一种在计算机上使用的、国际通用的字符集编码标准。它为每种语言的每个字符设定了统一并且唯一的编码，用以满足跨语言、跨平台进行文本转换、处理的要求。1990 年研发，1994 年公布并开始使用。

（2）GBK

GB 即国家标准，K 是"扩展"的汉语拼音第一个字母。GBK 是在 GB 2312—80 标准上的内码扩展规范，全称《汉字内码扩展规范》，收入汉字20 902个。中华人民共和国全国信息技术标准化技术委员会 1995 年 12 月 1 日制订，国家技术监督局标准化司、电子工业部科技与质量监督司 1995 年 12 月 15 日联合发布和实施。

（3）GB 2312

中国国家标准简体中文字符集，全称《信息交换用汉字编码字符集 基本集》，是中华人民共和国全国信息技术标准化技术委员会 1980 年颁布的国标交换码，国家标准号为：GB 2312—80，选入了 6763 个简体汉字。

（4）GB 18030

包括 GB 18030—2000 和 GB 18030—2005。

GB 18030—2000 由信息产业部和国家质量技术监督局在 2000 年 3 月 17 日联合发布，全称为《信息交换用汉字编码字符集基本集的扩充》，是在 GBK 基础上增加了 CJK 统一汉字扩充 A（6582 个）汉字，共收录27 484个汉字。

GB 18030—2005 又是在 GB 18030—2000 的基础上增加了 CJK 统一汉字扩充 B（42 711个）汉字，共收70 195个汉字。标准由国家质量监督检验总局和中国国家标准化管理委员会于 2005 年 11 月 8 日发布，2006 年 5 月 1 日实施。

（5）CNS

1972 年 10 月由中国台湾编制，1975 年 8 月 4 日公布，编号［CNS11643］；后修订扩编，并更名为中文标准交换码（Chinese Standard Interchange Code）。通行于台湾、香港地区的一个繁体字编码方案,俗称"大五码"。这就是人们讲的 BIG5 码。

(6) HKSCS

鉴于对特有香港字符的个别需要,香港特区政府制定了一套《香港增补字符集》。这套字符集包含了香港使用的 Big5 码标准字符集不包括的中文字符。《香港增补字符集》以往名为《政府通用字库》。在 2005 年 5 月,香港特区政府向市民推出《香港增补字符集—2004》。

(7) JIS

指 Shift - JIS,它是一个日本电脑系统常用的编码表。在微软及 IBM 的日语电脑系统中使用了这个编码表。这个编码表也称为 CP932。

(8) GB 12345

指 1990 年由国家标准总局颁布的繁体字的编码标准 GB 12345—90《信息交换用汉字编码字符集 第一辅助集》,目的在于规范必须使用繁体字的各种场合,以及古籍整理等。

(9) GB 13000

指国家标准 GB 13000.1—93《信息技术 通用多八位编码字符集(UCS) 第一部分:体系结构与基本多文种平面》。是我国为了与国际化标准组织推出的 ISO/IEC 10646—1 标准接轨而采用的一种多文种编码体系,收录了中、日、韩20 902个汉字。

(10) GB 13131

指 GB 13131—1991《信息交换用汉字编码字符集 第三辅助集》。

(11) GB 13132

指 GB 13132—1991《信息交换用汉字编码字符集 第五辅助集》。

1.1.1.3　文件名

汉字内码编码表. txt 。

1.1.1.4　文件存储格式

纯文本文件,Unicode 内码。

1.1.1.5　文件结构

汉字内码编码表共有70 196行,第一行是各列信息说明;第二行开始每行给出了一个汉字的编码信息,(第二行开始)行的顺序是根据汉字的 UCS 编码由小至大排序。每行共有十三列。第一列为汉字的 UCS 编码,第二列为汉字,第三列为汉字 Ucode 编码,第四列为汉字的GBK 编码,第五列为汉字的 GB 2312 编码,第六列为汉字的 GB 18030 编码,第七列为汉字的BIG5 编码,第八列为 JIS 编码,第九列为 CNS 编码,第十列为 GB 12345 编码,第十一列为 GB 13000 编码,第十二列为 GB 13131 编码,第十三列为 GB 13132 编码。每列之间用一个空格符隔开,图示如下:

GBK 码　　GB18030 码　BIG5 码　　　GB12345 码　　无 GB13131 码

057C3　埃　57C3　B0A3　B0A3　B0A3　AE4A　9ABA　1-546C　B0A3　57C3　（无）（无）

UCS 码　汉字　Ucode 码　　GB2312 码　　JIS 码　　CNS 码　GB13000 码　　无 GB13132 码

1.1.2　汉字内码转换

通过本规范提供的汉字内码编码表,可以找出不同编码之间的对应关系。

1.1.2.1　Unicode 编码对应绝对位置

设汉字 Unicode 编码为 U,绝对位置 N 计算如下:

若 U 大于等于 0x3400 并且小于等于 0x4db5,则 N ＝ U − 0x3400;

否则,若 U 大于等于 0x4e00 并且小于等于 0x9fa5,则 N = U − 0x4e00 + 6582;

否则,若 U 大于等于 0xd840dc00 并且小于等于 0xd869ded6,

则 N = [(U/0x10000 − 0xd840)] * 1024 + (U%0x10000 − 0xdc00) + 27484。

例 1 − 1:

已知汉字"一"的 Unicode 码为 0x4e00,通过上述算法,经过四次判别运算和三次加(减)法运算,我们可以得出汉字"一"在汉字内码编码表的第 6584 行(起始行号为 1,第一行为注释,所以计算结果加 2)。

1.1.2.2　绝对位置对应 Unicode 编码

设绝对位置为 N,汉字 unicode 编码 U 计算如下:

若 N 小于 6582,则 U ＝ N + 0x3400;

否则,若 N 小于 27484,则 U = N + 0x4e00 − 6582;

否则,N = N − 27484;U ＝ (N/1024 + 0xd840) × 0x10000 + (N%1024 + 0xdc00)。

1.1.2.3　UCS 编码对应绝对位置

设汉字 Unicode 编码为 U,绝对位置 N 计算如下:

若 U 大于等于 0x3400 并且小于等于 0x4db5,则 N ＝ U − 0x3400;

否则,若 U 大于等于 0x4e00 并且小于等于 0x9fa5,则 N = U − 0x4e00 + 6582;

否则,若 U 大于等于 0x20000 并且小于等于 0x2A6D6,

则 N = U − 0x20000 + 27484。

1.1.2.4　绝对位置对应 UCS 编码

设绝对位置为 N,汉字 unicode 编码 U 计算如下:

若 N 小于 6582,则 U = N + 0x3400;

否则,若 N 小于 27484,则 U = N + 0x4e00 − 6582;

否则,U = N − 27484 + 0x20000。

1.2 汉字外码

1.2.1 汉语拼音编码表

1.2.1.1 概述

"汉字拼音编码表"给出 GB 18030—2005 字符集中每个汉字的现代汉语拼音(其中15 419个汉字没有拼音,有些是罗马音)。

1.2.1.2 术语和定义

(1)拼音(Mandarin/PinYin)

指现代汉语拼音。1955—1957 年,由中国文字改革委员会汉语拼音方案委员会研究制定。该拼音方案主要用于汉语普通话读音的标注,作为汉字的一种普通话音标。1958 年 2 月 11 日的全国人民代表大会批准公布该方案。

(2)罗马音(Romanization)

指对非中文汉字用罗马字母标出的该字的发音。

1.2.1.3 文件名

汉字拼音编码表.txt 。

1.2.1.4 文件存储格式

纯文本文件,Unicode 内码。

1.2.1.5 文件结构

(1)总体结构

汉字拼音编码表共有70 195行,每行给出了一个汉字的拼音,行的顺序是根据汉字的 UCS 编码由小至大排序;每行共有三列,第一列为汉字的 UCS 编码,第二列为汉字,第三列为汉字的现代汉语拼音(多个拼音时中间用";"隔开),每列之间用一个空格符隔开,图示如下:

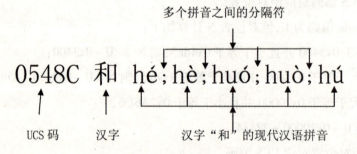

(2)罗马音标记

汉字拼音有些是罗马音,后面加了标记,在罗马音的后面用"(0)"标记,图示如下;

05515 啤 záo；sawagashi (0)

UCS 码　汉字　现代汉语拼音　罗马音　罗马音标记

（3）无拼音标记

有些汉字没有拼音，在汉字的后面用"（无）"标记，图示如下：

2000E 丰（无）

UCS 码　汉字　无拼音标记

1.2.2　汉字韦氏拼音编码表

1.2.2.1　概述

汉字韦氏拼音编码表给出 GB 18030—2005 字符集中每个汉字的韦氏拼音（其中15 825个汉字没有韦氏拼音）。

1.2.2.2　术语和定义

韦氏拼音（Wade – Giles）

也叫威妥玛拼音，是最早的用英文字母标识中文的符号。威妥玛（Sir Thomas Wade，英国人）以罗马字母为汉字注音，创立威氏拼音法。后来 H. A. Giles 稍加修订，合称 WG 威氏拼音法（Wade – Giles System）。此法被广泛应用于汉语人名地名的英译。

1.2.2.3　文件名

汉字韦氏拼音编码表. txt 。

1.2.2.4　文件存储格式

纯文本文件，Unicode 内码。

1.2.2.5　文件结构

（1）总体结构

汉字拼音编码表共有70 195行，每行给出了一个汉字的韦氏拼音，行的顺序是根据汉字的 UCS 编码由小至大排序；每行共有三列，第一列为汉字的 UCS 编码，第二列为汉字，第三列为汉字的韦氏拼音（多个韦氏拼音时中间用"；"隔开），每列之间用一个空格符隔开，图示如下：

多个韦氏拼音中间的分隔符

03424 旇 ch'iu；tan

UCS 码　　汉字　　汉字"旇"的韦氏拼音

（2）无韦氏拼音标记

有些汉字没有韦氏拼音，在汉字的后面用"（无）"标记，图示如下：

1.2.3　汉字注音编码表

1.2.3.1　概述

汉字注音编码表给出 GB 18030—2005 字符集中每个汉字的注音（其中15 825个汉字没有注音）。

1.2.3.2　术语和定义

注音（Tongyong Pinyin）

民国初年黎锦熙等学者创制，当时一批学者倡导国语运动与汉字简化运动，呼吁简化汉字，给汉字注音。1918 年 11 月 23 日，北洋政府教育部公布注音字母表。

1.2.3.3　文件名

汉字注音编码表. txt 。

1.2.3.4　文件存储格式

纯文本文件，Unicode 内码。

1.2.3.5　文件结构

（1）总体结构

汉字注音编码表共有70 195行，每行给出了一个汉字的注音，行的顺序是根据汉字的 UCS 编码由小至大排序；每行共有三列，第一列为汉字的 UCS 编码，第二列为汉字，第三列为汉字的注音（多个注音时中间用"；"隔开），每列之间用一个空格符隔开，图示如下：

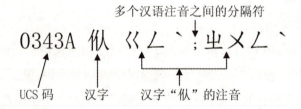

（2）无注音标记

有些汉字没有注音，在汉字的后面用"（无）"标记，图示如下：

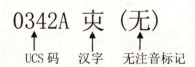

60

1.2.4 汉字四角号码编码表

1.2.4.1 概述

汉字四角号码编码表给出 GB 18030—2005 中每个汉字的四角号码编码。

1.2.4.2 术语和定义

四角号码(Four-corner Codes)

指四角号码检字法,四角号码法是根据汉字的方块形体,找出相同或相似笔形,归为十种,用 0—9 的十个数码表示一个汉字四角的十种笔形,有时在最后增加一位补码。

1.2.4.3 文件名

汉字四角号码编码表.txt 。

1.2.4.4 文件存储格式

纯文本文件,Unicode 内码。

1.2.4.5 文件结构

汉字四角号码编码表共有70 195行,每行给出了一个汉字的四角号码编码,行的顺序是根据汉字的 UCS 编码由小至大排序;每行共有三列,第一列为汉字的 UCS 编码,第二列为汉字,第三列为汉字的四角号码。每列之间用一个空格符隔开,图示如下:

04E8C 二 10100

UCS 码　　汉字　汉字"二"的四角号码

1.2.5 汉字郑码编码表

1.2.5.1 概述

汉字郑码编码表给出 GB 18030—2005 字符集中每个汉字的郑码编码。

1.2.5.2 术语和定义

郑码(Zheng Codes)

"郑码"中文输入法是"字根通用编码法及其键盘"的简称,是我国著名文字学家、享誉海内外的《英华大词典》主编郑易里教授,经半个世纪对汉字字形结构的研究,后期和郑珑高级工程师共同创造的重大发明成果。

1.2.5.3 文件名

汉字郑码编码表.txt。

1.2.5.4 文件存储格式

纯文本文件,Unicode 内码。

1.2.5.5 文件结构

汉字郑码编码表共有70 195行,每行给出了一个汉字的郑码编码,行的顺序是根据汉字的 UCS 编码由小至大排序;每行共有三列,第一列为汉字的 UCS 编码,第二列为汉字,第三列为汉

字的郑码编码。每列之间用一个空格符隔开,图示如下:

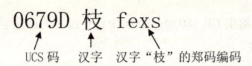

需要说明的是:这种以 UCS 编码为序性的编码表,只能反映出单字的郑码编码与 UCS 编码之间的对照关系,因此必须在以郑码编码排序的单字编码表中,才能体现出郑码单字编码的有序性及优越性。

1.2.6　汉字部首编码表

1.2.6.1　概述

汉字部首编码表给出 GB 18030—2005 字符集中每个汉字的汉字部首及部外笔画数。

1.2.6.2　术语和定义

汉字部首(Standardized Radicals)

共有 201 个部首,由教育部、国家语委组织研制,名为《汉字部首表》,自 2009 年 5 月 1 日实施。每个部首被分配了代号。例如:部首"巾",代号为"040"。

1.2.6.3　文件名

汉字部首编码表.txt 。

1.2.6.4　文件存储格式

纯文本文件,Unicode 内码。

1.2.6.5　文件结构

汉字部首编码表共有 70 195 行,每行给出了一个汉字的汉字部首和部外笔画数,行的顺序是根据汉字的 UCS 编码由小至大排序;每行共有四列,第一列为汉字的 UCS 编码,第二列为汉字,第三列为汉字的汉字部首,第四列为汉字的部外笔画数。每列之间用一个空格符隔开,图示如下:

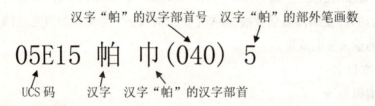

1.2.7　康熙部首编码表

1.2.7.1　概述

汉字康熙部首编码表给出 GB 18030—2005 字符集中每个汉字的康熙部首及部外笔画数。

1.2.7.2　术语和定义

康熙部首(Kangxi Radicals)

明代梅膺祚做《字汇》时,将部首划分为214个。清代著名的《康熙字典》沿袭了这一分部方法,此后一直影响到现代,如《辞源》《辞海》均以214部作为汉字部首的分类依据。根据《汉字部首表》部首分配代号方法,每个部首被分配了代号。例如:部首"虫",代号为"142"。

1.2.7.3　文件名

汉字康熙部首编码表.txt。

1.2.7.4　文件存储格式

纯文本文件,Unicode内码。

1.2.7.5　文件结构

汉字康熙部首编码表共有70 195行,每行给出了一个汉字的康熙部首和部外笔画数,行的顺序是根据汉字的UCS编码由小至大排序,每行共有四列,第一列为汉字的UCS编码,第二列为汉字,第三列为汉字的康熙部首,第四列为汉字的部外笔画数。每列之间用一个空格符隔开,图示如下:

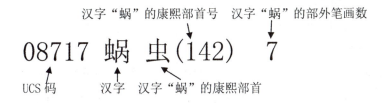

1.2.8　汉字笔画编码表

1.2.8.1　概述

汉字笔画编码表给出GB 18030—2005字符集中每个汉字的笔画数及其该汉字前三笔笔形值。

1.2.8.2　术语和定义

笔画序号(Stroke Code)

指汉字笔画按"横、竖、撇、点、折"定义,它们的序号分别为"1、2、3、4、5"。

1.2.8.3　文件名

汉字笔画编码表.txt。

1.2.8.4　文件存储格式

纯文本文件,Unicode内码。

1.2.8.5　文件结构

汉字笔画编码表共有70 195行,每行给出了一个汉字的笔画信息,行的顺序是根据汉字的UCS编码由小至大排序;每行共有四列,第一列为汉字的UCS编码,第二列为汉字,第三列为汉

字的笔画数,第四列为汉字的全笔顺(按汉字书写顺序排列)。每列之间用一个空格符隔开,图示如下:

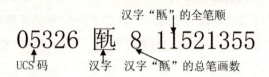

1.2.9 汉字部首笔画编码表

1.2.9.1 概述

汉字部首笔画编码表给出 GB 18030—2005 字符集中每个汉字的部首及其该汉字笔顺。

1.2.9.2 术语和定义

笔画值(Stroke Code)

指汉字笔画按"横、竖、撇、点、折"定义,它们的值分别为"1、2、3、4、5"。

1.2.9.3 文件名

汉字部首笔画编码表. txt 。

1.2.9.4 文件存储格式

纯文本文件,Unicode 内码。

1.2.9.5 文件结构

汉字部首笔画编码表共有70 195行,每行给出了一个汉字的笔画信息,行的顺序是根据汉字的 UCS 编码由小至大排序;每行共有四列,第一列为汉字的 UCS 编码,第二列为汉字,第三列为汉字的部首,第四列为汉字的全笔顺(按汉字书写顺序排列)。每列之间用一个空格符隔开,图示如下:

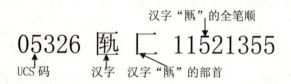

1.2.10 汉字"笔画字"输入法

1.2.10.1 概述

随着字符集的不断扩展,目前国际标准字符集汉字总数已达七万多个,其中绝大多数汉字输入法,输入这七万多字都比较困难。本方法将复杂汉字拆分为部件,然后由组成该字的部件作为编码。编码的结果只要求按书写顺序组合成该字即可。

简单地说,笔画字输入法是汉字输入的一种辅助手段。无论你用何种输入法,当你遇到无法输入的汉字时,可以将该字拆分为两个简单汉字并顺序输入(也可拆分为三个、四个汉字,直至拆分成笔画)。"笔画字"提供的是这样一种输入生僻字的方法。

"笔画字"的主要特点：

(1)使用汉字编码：复杂汉字由简单汉字编码。

(2)编码简单：不用了解汉字字根、部首、笔画数等编码,认识常用汉字即会编码。

(3)多种组合编码：编码可以有很多种,不唯一。

(4)用户自行编码：编码由用户按照最适合自己的方式自行定义。

"笔画字"主要用于汉字输入,特别适用于生僻汉字的输入,也可以用于汉字排重和汉字部件查找。

1.2.10.2　示例

例1－2：

要输入汉字"靦",可以输入构成"靦"的两个汉字"面"和"冥",输入顺序为"面冥",示意如下：

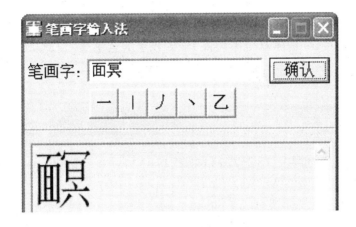

例1－3：

若不会输入"冥",则可输入"面冖日六",示意如下：

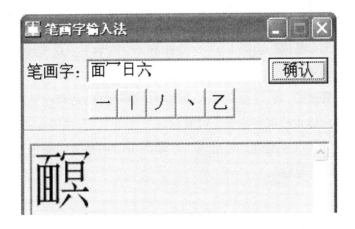

例 1 – 4：

若不会输入"宀"，则可输入"面"、"45"、"日"、"六"，示意如下：

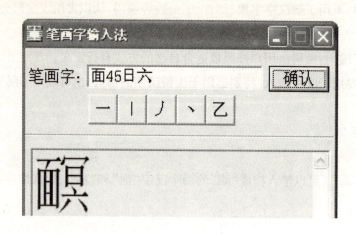

例 1 – 5：

输入汉字"靦"，可以（但本规范不建议）输入该字的全笔顺"1325221114525114134"，示意如下：

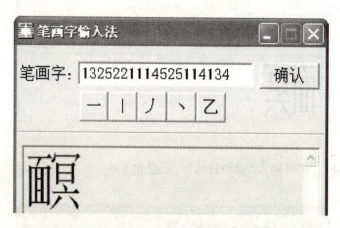

当然，"靦"还有很多其他的编码方法，这里就不一一列举了。众多编码中"面冥"是"靦"的最佳编码。

该编码还可以设置选项，如：设置所输入的笔顺是全笔顺还是部分笔顺（主要用于部件查找和快速输入）；设置所输入的汉字位置是可对调还是不可对调（主要解决书写笔画顺序把握不准问题）；设置所输入的汉字笔画是可出现一些笔画错误还是必须完全正确（主要解决新旧笔形、可能出现的错误、快速输入）。

例1-6：

若输入设置为部分笔顺。要输入"勮"，可以只输入"能"，重码较多，示意如下：

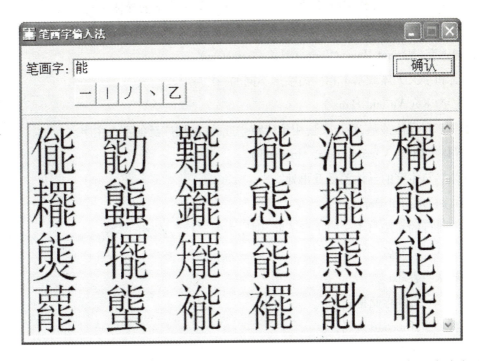

此示例主要展示部件查找，它给出的是 Unicode4.0 标准所有70 195个汉字中包含部件"能"的所有汉字。

例1-7：

要输入"勮"，也可输入"能"和"力"，示意如下：

笔画字部分编码提高输入速度，就"勮"而言，若不会输入"罒"，直接输入"能力"即可。

1.2.11　汉字异体字表

1.2.11.1　概述

汉字异体字是指字音字义相同而字形不同的一组字，汉字异体字表（以下简称"本表"）中的异体字类型包括"同"、"一义同"、"一说同"、"旧译或旧称"、"本字"、"大写字"、"俗字"、"古字、古体字或古文异体字"、"类推简化字"、"繁体字"、"异体字"、"《中易十万字典》

中提到的异体字"等。

本表中的异体字大部分都标明了出处,它们是从数十本经典的古书或古字典中提出的。本表共给出了14 225组异体字(GB 18030—2005 字符集中汉字的异体字)。

1.2.11.2 术语和定义

(1)异体字(Variant Hanzi/Variant Han Characters)

指字音和字义大体或基本相同而字形不同的一组字。

(2)主字(Key Variant Hanzi)

若两个字有异体关系,则定义使用年代距今近的、使用广泛的字为主字。

(3)异体字属性(Variant Hanzi Attributes)

指异体字与主字的异体关系及出处。

(4)本字(Original Hanzi)

若某字通行的写法与本义的字形不同,则原本的字称为该字的本字。

1.2.11.3 文件名

汉字异体字表.txt。

1.2.11.4 文件存储格式

纯文本文件,Unicode 内码。

1.2.11.5 文件结构

(1)总体结构

汉字异体字表共有70 195行,行的顺序是根据主字的 UCS 编码由小至大排序,每行共有三列,每列之间用一个空格符隔开,第一列为汉字的 UCS 编码,第二列为汉字,第三列为汉字的异体关系。

表示该字与其他字的是否有异体关系,共有三种情况:①与其他字构成一组对应关系的异体字;②标示与其他字有异体关系;③与其他字无异体关系。在70 195行中共给出了14 225组异体字;标出了41 279个与其他字有异体关系的字;指出了28 916个字与其他字没有异体关系。示例如下:

① 构成一组对应关系的一组异体字:03401 丙囟(Yz)甜(Yz)舾(Yz)

② 与其他字有异体关系:03400 圤[上丘]

③ 与其他字无异体关系:03402 圥(无)

第③种情况表示汉字("圥")与其他汉字无异体关系;第②种情况表示汉字("圤")与第三列方括号中的汉字有异体关系,其分别是这些汉字("上"、"丘")的异体字。第①种情况给出了构成一组对应关系的异体字,描述如下:

每个异体字都具有属性,异体字的属性在该异体字的后面,属性用括号括起,用一个大写英文字母和一个小写英文字母表示,大写英文字母表示该异体字与主字的异体关系,小写英文字母表示该异体字的出处。一组异体字结构图示如下：

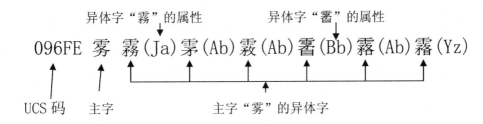

一个字若其有异体字,则在该行中列出了所有与其有异体关系的字,如：

0973E 霾 霾(Ae)霾(Ab)霾(Aj)［埋貍］

其中"霾"为主字,"霾(Ae)霾(Ab)霾(Aj)"为主字的异体字及其属性,"埋貍"与主字有异体关系,主字分别是"埋"和"貍"的异体字。

（2）异体字属性

每个异体字都具有不同的属性,异体字的属性用括号和大小写两个英文字母表示并放在该异体字后,其中用于表示该异体字与主字的异体关系的是大写英文字母 A、B、C、D、E、F、G、H、I、J、Y、Z 共 12 个字母,各自代表了异体关系的一个方面。26 个小写英文字母 a－z,则用以表示该异体字的不同出处。

①属性 A

异体字中属性为"A"表示该异体字"同"主字,例如:构成一组对应关系的异体字为"袋帒(Ab)",大写字母"A"表示"帒"同"袋"。

②属性 B

异体字中属性为"B"表示该异体字"一义同"主字,例如:构成一组对应关系的异体字为"裆帕(Bb)",大写字母"B"表示"帕"有多义,其中一义同"裆"。

③属性 D

异体字中属性为"D"表示该异体字为主字的"旧译或旧称",例如:构成一组对应关系的异体字为"氧氱(Db)",大写字母"D"表示"氱"为"氧"的旧译或旧称。

④属性 E

异体字中属性为"E"表示该异体字为主字的"本字",例如:构成一组对应关系的异体字为"便傻(Ec)",大写字母"E"表示"傻"为"便"的本字。

⑤属性 F

异体字中属性为"F"表示该异体字为主字的"大写字",例如:构成一组对应关系的异体字为"百佰(Fb)",大写字母"F"表示"佰"为"百"的大写字。

⑥属性 G

异体字中属性为"G"表示该异体字为主字的"俗字",例如:构成一组对应关系的异体字为"再冉(Gc)",大写字母"G"表示"冉"为"再"的俗字。

⑦属性 H

异体字中属性为"H"表示该异体字为主字的"古字、古体字或古文异体字",例如:构成一组对应关系的异体字为"宅庑(Hc)",大写字母"H"表示"庑"为"宅"的古字。

⑧属性 I

异体字中属性为"I"表示该异体字为主字的"类推简化字",例如:构成一组对应关系的异体字为"憍忄乔(Ib)",大写字母"H"表示"忄乔"为"憍"的类推简化字。

⑨属性 J

异体字中属性为"J"表示该异体字为主字的"繁体字",如:构成一组对应关系的异体字为"袄襖(Ja)",大写字母"J"表示"襖"为"袄"的繁体字。

⑩属性 Y

异体字中属性为"Y"表示该异体字为主字的"异体字",因与主字的异体关系不详,统称为异体字,例如:构成一组对应关系的异体字为"聿甫(Yz)",大写字母"Y"表示"甫"为"聿"的异体字。

⑪属性 Z

异体字中属性为"Z"表示该异体字为主字的"异体字",出自《中易十万字典》,例如:构成一组对应关系的异体字为"下丅(Zb)",大写字母"Z"表示"丅"为"下"的异体字。

⑫属性 a-z

异体字中属性"a-z"中的每一个字母为一种书的代号,表示异体字的出处,例如:构成一组对应关系的异体字为"肮髒(Ja)",小写字母"a"表示"髒"是"肮"的异体字,出自《简化字总表》,具体每个字母代表的书种参见下表:

a:《简化字总表》	j:《字汇补》	s:《敦煌俗字谱》
b:《中易十万字典》	k:《玉篇》	t:《中华大字典》
c:《字汇》	l:《康熙字典》	u:《搜真玉镜》
d:《说文》	m:《宋元以来俗字谱》	v:《海篇》
e:《集韵》	n:《类篇》	w:《韵会》
f:《正字通》	o:《篇海》	x:《五音集韵》
g:《广韵》	p:《篇海类编》	y:朝鲜本《龙龛》
h:《龙龛》	q:《说文长笺》	z:其他
i:《直音篇》	r:《大汉和辞典》	

1.2.11.6 关于异体字表的建立

定义:若 B 是 A(A 是主字)的异体字,则认为 A 和 B 之间有异体关系。

当一个字在异体关系表中为主字时,其后列出了所有与该主字有异体关系的字。当主字为简体字时,本表将它的繁体字紧随其后,除该简体、繁体以外的其他异体字都与该简体字和繁体字有异体关系。

2 文献排序

文件排序规范完全遵照标准 GB/T 13418—92《文字条目通用排序规则》。

2.1 汉字排序序值表

2.1.1 概述

汉字排序序值表给出 GB 18030—2005 字符集中每个汉字文献排序序值信息。

2.1.2 术语和定义

序值(Filling Number):根据文字条目通用排序规则(GB/T 13418—92)所得的序值。

2.1.3 文件名

汉字排序序值表. txt 。

2.1.4 文件存储格式

纯文本文件,Unicode 内码。

2.1.5 文件结构

汉字排序序值表共有70 195行,每行给出了一个汉字的文献排序序值信息,行的顺序是根据汉字的 UCS 编码由小至大排序;每行共有八列,第一列为汉字的 UCS 编码,第二列为汉字,第三列为汉字的汉字部首序值,第四列为汉字的康熙部首序值,第五列为汉字的笔画序值,第六列为汉字的笔形序值,第七列为汉字的四角号码序值,第八列为汉字的拼音序值(一个汉字可能有多个拼音,每个拼音都有一个序值,多个序值时中间用";"隔开)。每列之间用一个空格符隔开,图示如下:

```
        康熙部首排序序值   笔形排序序值   拼音排序序值
0554B 㕋 12182  05775  19180  29293  50891  03499;03535;51573
UCS 码   汉字  汉字部首排序序值   笔画排序序值   四角号码排序序值
```

2.2 汉字排序示例

2.2.1 汉字部首排序示例

汉字	部首序号	部外笔画数	部外笔顺	UCS 码	汉字部首排序序值
一	001	00	0	04E00	00001
二	001	01	1	04E8C	00002
二	001	01	1	2011E	00003
二	001	01	1	2011F	00004
二	001	01	1	20120	00005
丁	001	01	2	04E01	00006
丅	001	01	2	04E05	00007
」	001	01	2	200CE	00008
丆	001	01	3	04E06	00009

2.2.2 康熙部首排序示例

汉字	部首序号	部外笔画数	部外笔顺	UCS 码	康熙部首排序序值
一	001	00	0	04E00	00001
丁	001	01	2	04E01	00002
丄	001	01	2	04E04	00003
丅	001	01	2	04E05	00004
」	001	01	2	200CE	00005
丆	001	01	3	04E06	00006
丂	001	01	5	04E02	00007
七	001	01	5	04E03	00008
丏	001	01	5	20001	00009

2.2.3 笔画排序示例

汉字	全笔顺	UCS 码	笔划排序序值
一	1	04E00	00001
丨	2	04E28	00002

72

㇕	2	04E85	00003
丿	3	04E3F	00004
、	4	04E36	00005
㇏	5	04E40	00006
㇄	5	04E41	00007
乙	5	04E59	00008
㇗	5	04E5A	00009

2.2.4 笔形排序示例

汉字	全笔顺	UCS 码	笔形排序序值
一	1	04E00	00001
二	11	04E8C	00002
𠄞	11	2011E	00003
𠄟	11	2011F	00004
𠄠	11	20120	00005
三	111	04E09	00006
亖	1111	04E96	00007
蟗	1111251124251214	273DB	00008
䛅	11112511345	27985	00009

2.2.5 四角号码排序示例

汉字	四角号码	横笔笔画数	总笔画数	全笔顺	UCS 码	四角号码排序序值
亠	00000	01	02	41	04EA0	00001
亪	00037	01	07	4132345	04EAA	00002
广	00100	02	05	41341	07592	00003
㢇	00101	04	09	413412121	23047	00004
䟲	00101	08	19	4143253354211121111	097F2	00005
龑	00101	10	21	414325335411211121111	29410	00006
龒	00101	10	22	4143253354121211121111	29413	00007
㻾	00103	08	18	415533241112111214	03EFE	00008
主	00104	03	05	41121	04E3B	00009

2.2.6 汉语拼音排序示例

汉字	拼音	音调	总笔画数	全笔顺	UCS 码	拼音排序序值
吖	a	1	06	251432	05416	00001
阿	a	1	07	5212512	0963F	00002
呵	a	1	08	25112512	05475	00003
啊	a	1	10	2515212512	0554A	00004
锕	a	1	12	311155212512	09515	00005
腌	a	1	12	351113425115	0814C	00006
嗄	a	1	13	2511325111354	055C4	00007
錒	a	1	15	341124315212512	09312	00008
檖	a	1	16	1234122125113134	06A75	00009

2.3 汉字使用频度表

2.3.1 概述
汉字使用频度表给出 GB 18030—2005 字符集中每个汉字的使用频度及累计使用频率。

2.3.2 文件名
汉字使用频度表. txt 。

2.3.3 文件存储格式
纯文本文件,Unicode 内码。

2.3.4 文件结构
汉字使用频度表共有70 195行,每行给出了一个汉字的使用频度及累计使用频率,行的顺序是根据汉字的使用频度由大至小排列;每行共有四列,第一列为汉字的 UCS 编码,第二列为汉字,第三列为汉字的使用频度,第三列为第一行至该行汉字的累计使用频率。每列之间用一个空格符隔开,图示如下:

$$05728 \quad 在 \quad 4,305,000,000 \quad 4.324\%$$

UCS 码　　汉字　　汉字"在"的使用频度　　累计使用频率

2.3.5 汉字使用频度统计方法
汉字使用频度表是通过对全球 2000 亿篇网页文章用字统计后获得,汉字使用频度统计的规则是:一个汉字若在正文中出现,则累计一次,否则不计次。最终结果保留四位有效数字,高四位后的数字置零。

2.4 汉字规范构词表

2.4.1 概述

汉字规范构词表给出 GB 18030—2005 字符集中每个汉字的部分规范构词。

2.4.2 术语和定义

规范构词(Standard Words):指一段时期在某一国家或地区使用的词。

2.4.3 文件名

汉字规范构词表.txt 。

2.4.4 文件存储格式

纯文本文件,Unicode 内码。

2.4.5 文件结构

(1)总体结构

汉字规范构词表是共有70 195行,每行给出了一个汉字的部分规范构词,行的顺序是根据汉字的 UCS 编码由小至大排序;每行共有三列,第一列为汉字的 UCS 编码,第二列为汉字,第三列为汉字的部分规范构词(多个构词时中间用";"隔开)。每列之间用一个空格符隔开,图示如下:

(2)无规范构词标记

有些汉字没有规范构词,在汉字的后面用"(无)"标记,图示如下:

75

3　文件存储

3.1　文件命名

3.1.1　文件命名规则差异

Linux 系统中文件的命名规则并没有像 Windows 操作系统那么严格。或者说,很多 Windows 操作系统中文件名字里不能够包含的字符,在 Linux 系统中都是可以的。两个操作系统的命名规则差异如下。

(1)隐藏文件的表示方法不同

在 Windows 操作系统中,如果要将某个文件的属性设置为隐藏,那么必须要点击这个文件,然后右键选择"隐藏",才能够将这个文件设置为隐藏。

在 Linux 操作系统中,隐藏文件或者文件夹(目录文件)是用命名方式来控制的,即如果要把某个文件或文件夹设置为隐藏,只需要在某个文件名或文件夹名的开头加上一个英文状态下的点号即可,如. Linux 等。这就表示这个文件夹是一个隐藏文件或隐藏的文件夹。

(2)查看隐藏文件的方法不同

在 Windows 操作系统中查看隐藏的文件或文件夹,需要进行特殊的设置。首先要在资源管理器中选择"工具"项下的"文件夹选项",然后在弹出的窗口中选择"查看",在"隐藏文件和文件夹"中点击"显示所有文件和文件夹"项后才可看到隐藏的文件或文件夹。

在 Linux 操作系统中,查看隐藏的文件或文件夹只需要把带"."的文件名或文件夹名输全即可。例如:进入". Linux"这个隐藏文件夹,执行 cd. LINUX 命令即可。所以在 Linux 操作系统中,无论是设置还是查看隐藏文件或者隐藏目录文件,都是由一个英文状态下的点号所控制的,这个点号的重要性由此可知。

(3)扩展名的要求不同

Windows 操作系统要求文件必须有扩展名。扩展名是操作系统用来标志文件格式的一种机制。系统根据不同的扩展名来关联不同的应用程序。如:abcdef. txt,"abcdef"是主文件名,后面的"."是分隔符,"txt"就是文件的扩展名,表示这个文件是一个纯文本文件。如果是脚本批处理程序,要用 bat 扩展名表示。这样操作系统才会把它当做批处理程序来执行。

Linux 操作系统对于文件扩展名没有任何规定。例如:在默认情况下,sh 是 Linux 操作系统下的可执行文件。但是如果工程师编写的可执行文件不带这个扩展名也可以运行。这是由于两个操作系统调用脚本程序的方法是不同的。在 Windows 操作系统的命令行窗口下,只要输入脚本程序的全名(带上扩展名),即可以运行这个脚本程序。但是在 Linux 操作系统的 shell 中,调用某个脚本程序时要在这个脚本程序前面加上"./"等符号,用以表示让系统执行这个程序。也就是说,他不是以扩展名来区分这是否是一个可执行的脚本程序。而是根据命令行的前缀来判断的。为此在 Linux 操作系统中。虽然 Linux 操作系统中对于扩展名没有硬性的规定。但是建议用户在建立文件时,最好加上扩展名。

(4)大小写敏感程度不同

在 Windows 操作系统中,不管是文件还是文件夹,对于大小写都是不敏感的。也就是说,Linux 与 LINUX 是同一个文件或者文件夹。因此在给文件夹或者目录命名时,不需要考虑大小写的问题。这给操作带来很大的方便。如在定义环境变量时,输入路径不论大小写都可以指向其位置。

而在 Linux 操作系统中正好相反,无论是文件还是文件夹,对于大小写都是敏感的。即 Linux 与 LINUX 是两个不同的文件或者目录。这一差异的影响是很深远的。如在 Linux 中定义环境变量时,输入路径的大小写一个都不能错。否则它可能指向了另一个位置。因此需引起特别注意。建议大小写分类管理,在建立普通文件时,采用小写字符。建立系统文件或者目录,采用大写字符。但是不管是哪类文件,都不要采用大小写混合的方式以免在引用路径时出错。或者对任何一种文件(普通文件、目录文件、设备文件)名,都采用全部大写或者小写的形式。并且一旦确定了一个规则,最好还是遵守。以减少大小写敏感所带来的烦恼。

(5)在文件名中可以带有特殊字符

在 Windows 操作系统中,可以使用大部分字符来作为文件名,但对一些特殊字符的使用有严格限制。如:" < >/\:? * "等符号就不能够成为文件名。

在 Linux 操作系统中文件命名基本上可以采用任何字符,没有严格限制。如:text * . txt、text/tet. txt 等文件名都是合法的,不过要注意的是有些字符具有特殊的含义,如前文提到的英文状态下的点号是一个文件数据的控制符号用来表示这是一个隐形的文件或文件夹。如果将这些字符加入到文件名字中,可能会对后续的操作带来不利影响。再如" - "符号在系统中表示命令的可选项。为此在使用 cat 等命令操作这个文件时,系统会误把文件名参数当做可选项来对待。又如" * "符号,在系统中表示通配符。如果此时利用 rm 命令来删除带 * 的文件名字,必须使用转义字符,否则的话,会发生一些灾难性的后果。因此对". * -"等符号因其具有一些特殊用意,在利用他们来给文件命名的时候,需要谨慎使用。

3.1.2　文件名转换

Windows 系统下的长文件名转换成 DOS 系统 8.3 格式时,方法如下:

(1)取文件名的前 6 个字符(注意一个汉字等于 2 个字符),加上˜1(如果前六个相同的,依次用˜2、˜3……);

(2)将最后一个点号后面的内容的前 3 个字符作为扩展名。

表1 转换示例

类型	Windows 格式名	DOS 格式名
文件名	试验样例 – 00000002 – 00004. xml. bak	试验样~1. bak
	index. html	index. htm
目录名	计算机中文信息处理规范	计算机~1
	source	source

演示1：

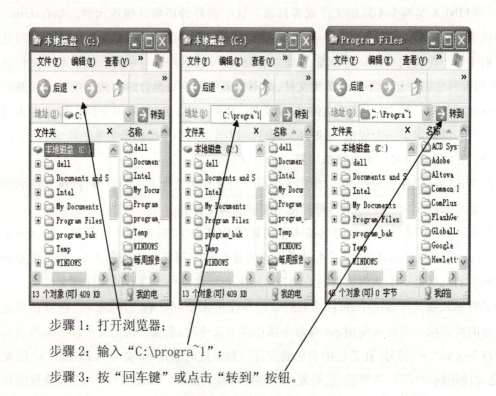

步骤1：打开浏览器；

步骤2：输入"C:\progra~1"；

步骤3：按"回车键"或点击"转到"按钮。

演示 2：

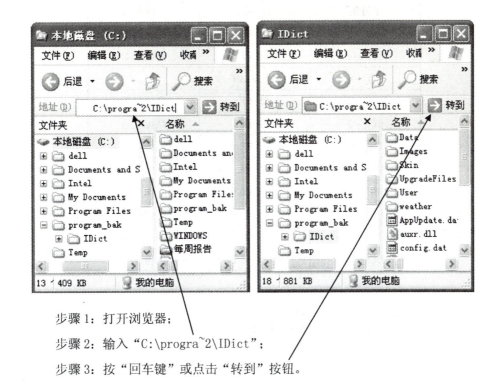

步骤 1：打开浏览器；

步骤 2：输入 "C:\progra~2\IDict"；

步骤 3：按 "回车键" 或点击 "转到" 按钮。

3.2　文本存储

本书 "第一部分　计算机中文信息处理规范"（以下简称）推荐 TXT、PDF 和 XML 三种格式为文本存储格式。

3.2.1　TXT 格式

（1）头标识

Unicode 编码是 UTF－16 编码的俗称，也同 UCS－2 编码。Unicode 编码是双字节和四字节混合编码，文件的头两个字节是 Unicode 编码头标识。

例如：Unicode 编码，内容为 "圠禾" 的 TXT 文件共有 8 个字节如下：

FF FE 00 34 55 D8 4D DF

其中：第一和第二两个字节为 Unicode 编码头标识（0xfffe）；

第三和第四两个字节为汉字 "圠" 的 Unicode 编码（0x3400）；

最后四个字节为汉字 "禾" 的 Unicode 编码（0xd855df4d）。

表2 常用字符集头标识

字符集	头标识	说明
Unicode	FF FE	低位起始
Unicode	FE FF	高位起始
UTF－8	EF BB BF	
UTF－16	FE FF	高位起始
UCS－2	FE FF	高位起始
UTF－16	FF FE	低位起始
UCS－2	FF FE	低位起始
UTF－32	FF FE 00 00	高位起始
UCS－4	FF FE 00 00	高位起始
UTF－32	00 00 FE FF	高位起始
UCS－4	00 00 FE FF	高位起始

表3 文件头标识示例1

字符集	编码	头标识	排列顺序
UTF－16、 UCS－2、 Unicode	0x4d	FF FE	4d 00
		FE FF	00 4d
	0x0430	FF FE	30 04
		FE FF	04 30
	0x4e8c	FF FE	8c 4e
		FE FF	4e 8c
	0xd855df4d	FF FE	55 d8 4d df
		FE FF	d8 55 df 4d

表4　文件头标识示例2

字符集	编码	头标识	排列顺序
UTF – 32、 UCS – 4	0x4d	FF FE 00 00	4d 00 00 00
		00 00 FE FF	00 00 00 4d
	0x0430	FF FE 00 00	30 04 00 00
		00 00 FE FF	00 00 04 30
	04e8c	FF FE 00 00	8c 4e 00 00
		00 00 FE FF	00 00 4e 8c
	0x10302	FF FE 00 00	02 03 01 00
		00 00 FE FF	00 01 03 02

（2）数据文件

数据文件是本规范定义的用于存储关系简单的数据文本文件。用文本编辑器即可查询数据,本规范提供的汉字规范化信息都采取数据文件格式存储。

对于关系简单的数据,本规范建议皆使用数据文件格式存储。

数据文件通过导入工具可以装入数据库。导入工具要求文本文件中的字段和记录按特定分隔符分隔,通常字段间的分隔符为"空格"符、–、TAB 键等,记录之间的分隔符为回车换行符。导入工具支持多种数据库。可以直接连接的数据库类型包括:Oracle、SQL Server、MySQL、Access、Paradox、dBase 和 FoxPro 等。

一般数据库也具有数据导入功能,可以很方便地将数据文件导入所需要的数据库。

示例3 – 1　利用 Access 把文本数据导入到 Access 数据库中

两种方式:一种事先在 Access 中建好数据库和表,直接导入数据。此工作方式适宜经常导入数据的人,以方便不同数据库之间数据转换。第二种方式是事先不建数据库和表,在数据导入时根据系统提示建立,打开 Access 数据库以后,用鼠标右击左边导航栏的对象,弹出菜单,点击导入项,系统弹出选择文本文件窗口,选中包含数据的文本文件,系统询问带分隔符还是固定宽度,这时选择固定长度,点击下一步,弹出选择文本文件的数据表格,根据需要的各字段的长度,在表格的刻度的标尺的位置上点击鼠标即可确定分割线的位置。当所有字段的分割位置线都标记好了以后,点下一步,选择要导入的数据库表即可。用此办法也可导入含分隔符的文本文件数据。当然使用 Access 同样可以将数据库中的数据导出为文本文件。

示例3 – 2　利用 SQLserver 把文本数据导入到 SQLserver 数据库中

运行 SQLserver 的企业管理器,选数据库,然后右击鼠标,选中弹出菜单所有任务中的导入数据项,系统会出现数据转换服务导入/导出向导,选下一部,系统提示选择要导入数据的数据源,点数据源选项,选择文本文件,然后选中包含要导入数据的文本文件,屏幕仍然会提示带分隔符和固定字段两个选项,选固定字段选项,然后下一步,接下来定义每个字段即每一列起止位置,都标记完以后,下一步再选择要导入到数据库的数据源,服务器名、登录用户、密码等即具体导入到哪个数据库的表中,接下来如果需要改动可以点转换项,对导入后的数据的一些字段属性做设置,如果数据库表早已建好,则不需要另外设置,直接下一步,然后选择立即运行,就可以实现文本文件里的数据导入到 SQLserver 数据库中。

（3）纯文本文件

指的是只包含纯文字的,不含有影、音、表、超链接等样式,没有任何格式设置或修饰的文件。纯文本并非意味着文本是无结构的。XML、SGML、HTML 都是有良好定义结构的纯文本。

本规范建议纯文本文件只用于存储线性数据,如:源代码、中间数据等。

3.2.2 PDF 格式

对于非数据文本,本规范建议皆使用 PDF 格式存储。

3.2.3 XML 格式

对于数据关系复杂,不宜采用数据文件格式存储的数据,本规范建议用 XML 格式存储,需有 XML Schema 及说明。

要建立数字化的全文文本与影像内容的对应关系,可采用用 XML 格式。

实现全文文本的相应内容在全文影像中可以以高亮或其他方式定位需要以下两个条件:

①在数字化过程中同步建立文本中每个字符对应的原图像及在原图像中的位置信息。位置信息获取的方式有两种:一是采用 OCR 技术中字符切割技术自动获取位置信息,这种方式定位校准,基本覆盖原图像中的对应字;二是通过版式还原技术计算出位置信息,这种方式定位有误差,但可以达到部分覆盖原图像中的对应字。

②描述全文文本与全文影像内容对应关系的格式标准。目前没有统一的标准,各单位均采用各自的标准,主要有数据库形式和 XML 格式两种。国家图书馆 2010 年 1 月通过了"中文文献全文版式还原与全文输入 XML 规范",其中纯文本 XML 格式对全文文本与全文影像内容对应关系描述加以规范,见示例 3 – 3。

示例 3 – 3　一种数字化纯文本 XML 格式

表 5　纯内容 XML 标签及属性

XML 标签名	标签 说明	作用	名	说明	类型	取值含义
letter	纯内容 文件	定义纯内容文件	title	文献题名	字符串	指定文献的题名
page_id	页标识	定义一页内容	relate_id	对应图标识	字符串	定义页文件对应图标识

XML 标签名	标签说明	作用	名	说明	类型	取值含义
page_text	页文本	定义一段文本	id	内容性质	［枚举］	指明文本内容的性质
			position	字的位置	（多对非负整数）	指出文本中每个字在原图中的位置

```
<?xml version="1.0" encoding="utf-16" ?>
<letter title="示例 2.3">
  <page_id relate_id="示例_00000001_00001.jpg">
    <page_text id="内容" position="0,0;0,35;0,86">元宵遊</page_text>
  </page_id>
</letter>
```

示意图 ⟶

具体参见《中文文献全文版式还原与全文输入 XML 规范和应用指南》。

3.2.4　文本文件格式转换

文本文件按内容性质分为两大类：数据文本文件和文字文本文件。数据文本文件指文件中的内容为简单数据；文字文本文件指文件中的内容为文字信息。

文字文本文件格式之间转换主要有四种方法：

①使用文件编辑器。文字文本文件一般有扩展名，表示文件格式，它是在特定的文字编辑器上编辑，一般文字编辑器都提供格式转换功能，如 Word 编辑器可以将 Word 文档转换成 PDF 文档。

②使用被转换文件编辑器。一般文字编辑器都提供数据导入功能，可以将其他格式的文字文本文件倒入，倒入后格式被自动转换。

③借助中间格式。例如，若须将 PDF 文件转换成 Word 文件，可先将 PDF 文件转换成 RTF 文件，然后再将 RTF 文件转换成 Word 文件。

④使用专用文本文件转换工具。

若上述四种方法皆不能完成格式转换，则将文字文本文件转换成. txt 格式即可。

将文字文本文件转换成图像文件较简单，一般文字编辑器都提供图像格式转换功能，如 Acrobat 5.0 可以快速 PDF 文件另存为 TIFF、JPEG、PNG 等格式的图像文件。

不同格式文字文本文件相互转换或多或少会改变文件版式。

Windows 和 Linux 之间纯文本文件格式转换：

Windows 和 Linux 的文件换行回车格式不同，基于 Windows 的文本文件在每一行末尾有一个 CR（回车）和 LF（换行），而 Linux 文本只有一个换行，转换步骤如下：

①把 Windows 下的文件移至 Linux/Unix 系统：

$ sed – e's/. $ //'windows. txt > linux. txt

替代规则表达式与一行的最末字符匹配,而该字符恰好就是回车。我们用空字符替换它,从而将其从输出中彻底删除。如果使用该脚本并注意到已经删除了输出中每行的最末字符,即 LF（换行）。

②把 Linux/UNIX 文本移至 Windows 系统：

$ sed – e's/ $ /\r/'myunix. txt > mydos. txt

在该脚本中,' $ ' 规则表达式将与行的末尾匹配,而 '\r' 告诉 sed 在其之前插入一个回车。在换行之前插入回车,每一行就以 CR/LF 结束。请注意,仅当使用 GNU sed 3.02.80 或以后的版本时,才会用 CR 替换 '\r'。

3.3　图像存储

3.3.1　图像压缩

图像数据保存时分三种压缩方式:不压缩、无损压缩、有损压缩。保存级（母本）图像采用不压缩方式,原则是尽量保证图像与原件的一致性。专家访问级图像采用无损或有损压缩方式,在与原件无本质差异的原则下尽可能压缩;一般浏览级采用有损压缩方式,但以基本保持原件特征的最低条件为准,细微处（如极小字）可与原件有本质差异。

本规范对于不同类型的原件给出了图像存储与传输的格式规范。主要有分辨率、色彩深度和灰阶度等指标。要达到最佳图像效果,还必须要有相应的设备、工具和方法,总之,不能只用肉眼判定图像是否达到指标。

3.3.2　扫描

（1）概述

扫描分辨率（dpi,Dot Per Inch）,表示每英寸长度上有多少个像点。分为光学分辨率和最大分辨率。

光学分辨率反映的是扫描仪硬件设备能力,即扫描仪档次的高低,目前市场上多见的一般为 300×600 dpi 和 600×1200 dpi（不包括专业型系列）。扫描使用的 dpi 一般在 300 到 1000 之间。

最大分辨率,又称插值精度,是利用软件技术在硬件扫描产生的像点之间按一定的算法插入另外的像点,通过软件手段在一定程度上提高扫描图像的质量。最大分辨率在实际应用中并没有多大意义,因为我们不太可能用 4800dpi 或 9600dpi 这样的分辨率去进行扫描,否则产生的图像文件数据量会大得惊人。

扫描处理还涉及色彩深度和灰阶度。市场上常见扫描仪的色彩深度为 24 位、30 位和 36 位。灰阶度是指扫描图像的明暗层次范围,一般有 8 位、10 位和 12 位之分。

（2）扫描处理基本步骤

①设定分辨率：按照规范根据文献类型设定。

②设定色彩、深度和灰阶度：按照规范根据文献类型设定。

③预扫：预扫是保证扫描效果的第一道关卡。通过预扫，一是确定自己所需要扫描的区域，以减少扫描后对图像的处理工序；二是通过不同扫描参数的设定，得到扫描图像的最佳色彩、效果等。对较小的文字要适当增加扫描亮度，以达最佳效果。有时用肉眼无法区分优劣，可用图像处理软件来检测色彩深度。方法是判断扫描图像最黑和最白处，黑色处越接近000000（纯黑），白色处越接近FFFFFF（纯白），则表明色彩还原度越好。

限于扫描仪的工作原理，扫描得到的图像或多或少会出现失真或变形。一般来说，应尽量将原稿放置在扫描仪中央，这样可以减少变形的产生。对品质不佳的原稿，可通过软件处理改善扫描效果。

④后处理：后处理主要包括纠偏（校正、居中、裁边等）、去污（去装订孔、去黑边、去污点）、图像处理（使图像内容清晰）。

保存级图像除了裁边操作外建议不做任何后处理；专家访问级图像建议做后处理，使得图像基本保持原件全貌的前提下图像数据尽可能小；一般浏览级必须做后处理，建议采用先定图像数据大小（在保存级图像数据基础上设定压缩的倍数、色彩深度和灰阶度等参数），通过图像处理使得图像尽可能清晰。

3.3.3 数码照相

今天的数码相机有效像素已达到数千万级，价格在万元级的产品已出现，用照相机代替扫描仪用于文本图像扫描（A3幅面）已成为可能，特别是对不可拆分、需要采用非接触扫描的孤本、善本等珍贵古籍。这里主要是从扫描设备的价格考虑，达到相同扫描质量非接触扫描仪的价格是数码相机的5—10倍。

扫描仪与数码相机比较：

①扫描仪光照均匀、光源恒定，使得扫描件能得到均匀的照摄，成像均匀。使用数码相机时，要用专用的光源，使其基本达到扫描仪光照的效果。

②扫描仪分辨率高，物理分辨率可以达到1000dpi以上。目前万元级价格的数码相机扫描A3幅面只能达到300dpi左右。

③扫描仪无光学失真。使用数码相机直接拍摄要选用合适的镜头，以最大化地防止镜头透镜边缘产生的图像畸变，否则可能造成广角失真（四方的纸张变肥），透视失真（近大远小，四方的纸张变成梯形）。

④数码相机可以非接触拍摄，一般扫描仪是接触式扫描。

⑤数码相机可以旋转角度拍摄，对于不能拆、翻开角度不是很大的古籍文献有广泛的应用。

⑥数码相机发展非常迅速,大有替代扫描仪的趋势。

3.3.4　图像文件格式转换

图像文件格式之间转换主要有两种方法:

①使用图像处理软件:一般图像处理软件都提供格式转换功能。

②使用专用图像文件转换工具。

3.4　音频存储

数字音频就是将模拟的(连续的)声音波形数字化(离散化),以便利用数字计算机进行处理,主要包括采样和量化两个方面。

3.4.1　数字音频的质量

数字音频的质量取决于采样频率和量化位数这两个重要参数。采样频率是对声音波形每秒钟进行采样的次数。人耳听觉的频率上限在 20kHz 左右。根据采样理论,为了保证声音不失真,采样频率应在 40kHz 左右。采样频率越高,声音失真越小,音频数据量越大。量化数据位数(也称量化级)是每个采样点能够表示的数据范围,经常采用的有 8 位、12 位和 16 位。例如,16 位量化级则可表示65 536个不同量化值。量化位数越高音质越好,数据量也越大。反映数字音频质量的另一个因素是通道(或声道)个数。单声道是比较原始的声音复制形式,每次只能生成一个声波数据。立体声(双声道)技术是每次生成二个声波数据,并在录制过程中分别分配到两个独立的声道输出,从而达到了很好的声音定位效果。四声道环绕(4.1 声道)是为了适应三维音效技术而产生的,四声道环绕规定了 4 个发音点:前左、前右,后左、后右,并建议增加一个低音音箱,以加强对低频信号的回放处理。Dolby AC – 3 音效(5.1 声道)是由 5 个全频声道和一个超重低音声道组成的环绕立体声。

3.4.2　幅度问题

每个音频产品都有一个它能运作的有限范围,我们称之为"动态范围"。其具体含义是,从它所能录制的最高音开始向下直到它自身的背景噪声位置的一个范围。背景噪声,就是这个设备内在的噪声幅度。任何低于这个幅度的信号都是不可分辨的。为了让每个设备都能达到最优效果,我们就得在其各自的动态范围内工作。我们要避开声音太小的信号,因为它们太接近低噪,那样低噪就会被注意到。我们也要避免信号声音太大,因为这会使设备失真。当设备不能真实地复制所需要的波形时,失真就产生了。数字音频的失真信号听起来很可怕。应该让设备在动态范围的最高点工作,但不要产生失真。

3.4.3　设定增益结构

音频信号链包含了所有的音频设备。当信号沿着它前进时,信号的幅度,或者增益,受到设备每个环节的影响。增益通过信号链时所受的影响叫做增益结构。设定一个恰当的增益结构是制作高质音频的第一步。任何音频设备都不能在最小和最大增益下工作得很好,因此在建立增益结构时,要尽可能保持幅度在通过信号链时是一致的。可以通过调整音频设备的输入和输出幅度来实现。信号链的每个环节都要设定幅度。

3.5 视频存储

3.5.1 光线和光源

光线在摄像中占有重要的位置。摄像机在光线比较差的情况下工作意味视频信号大多分布在视频设备光强范围的低端,而这时低强度视频信号会含有更多的噪音。另外,摄像的帧频是恒定的,光线强度改变时视频摄像机会调节光圈的大小,在低光强下,光圈会开得很大。由于摄像机透镜的边缘一般会有图像畸变,当光圈开得很大时,有些光线就只能通过有畸变的透镜边缘进入,图像质量下降。

对于室内摄影,光照配置可基于"三点照明"布光理论。三点照明,又称为区域照明,一般有三盏灯即可,分别为主体光、辅助光与背景光,适用于较小范围的场景照明。如果场景很大,可以把它拆分成若干个较小的区域进行布光。

①主体光:通常用它来照亮场景中的主要对象与其周围区域,并且担任给主体对象投影的功能。主要的明暗关系由主体光决定,包括投影的方向。主体光的任务根据需要也可以用几盏灯光来共同完成。如主光灯在 15 度到 30 度的位置上,称顺光;在 45 度到 90 度的位置上,称为侧光;在 90 度到 120 度的位置上成为侧逆光。主体光常用聚光灯来完成。

②辅助光:又称为补光。用一个聚光灯照射扇形反射面,以形成一种均匀的、非直射性的柔和光源,用它来填充阴影区以及被主体光遗漏的场景区域、调和明暗区域之间的反差,同时能形成景深与层次,而且这种广泛均匀布光的特性使它为场景打一层底色,定义了场景的基调。由于要达到柔和照明的效果,通常辅助光的亮度只有主体光的 50% –80% 。

③背景光:它的作用是增加背景的亮度,从而衬托主体,并使主体对象与背景相分离。一般使用泛光灯,亮度宜暗不可太亮。

布光的顺序是:①先定主体光的位置与强度;②决定辅助光的强度与角度;③分配背景光与装饰光。这样产生的布光效果应该能达到主次分明,互相补充。

3.5.2 色彩与白平衡

所谓白平衡,就是摄像机对白色物体的还原。当我们用肉眼观看这大千世界时,在不同的光线下,对相同的颜色的感觉基本是相同的。但是,作为摄像机,可没有人眼的适应性,在不同的光线下,由于 CCD 输出的不平衡性,造成摄像机彩色还原失真:或者图像偏蓝,或者偏红。

白平衡只用于彩色摄像机,其用途是实现摄像机图像能精确反映景物状况,有手动白平衡和自动白平衡两种方式。

(1)自动白平衡

• 连续方式:此时白平衡设置将随着景物色彩温度的改变而连续地调整,范围为2800—

6000K。这种方式对于景物的色彩温度在拍摄期间不断改变的场合是最适宜的,使色彩表现自然,但对于景物中很少甚至没有白色时,连续的白平衡不能产生最佳的彩色效果。

● 按钮方式:先将摄像机对准诸如白墙、白纸等白色目标,然后将自动方式开关从手动挡拨到设置位置,保持几秒钟或者至图像呈现白色为止,在白平衡被执行后,将自动方式开关拨回手动位置以锁定该白平衡的设置,此时白平衡设置将保持在摄像机的存储器中,直至再次执行被改变为止,其范围为2300—10000K,在此期间,即使摄像机断电也不会丢失该设置。以按钮方式设置白平衡最为精确和可靠,适用于大部分应用场合。

(2)手动白平衡

● 打开手动白平衡将关闭自动白平衡,此时改变图像的红色或蓝色状况有多个等级供调节。

● 放置设备:打开光源,放置好所有照明设备。

● 在要拍摄物体前加一块白色的卡片,卡片要不透光。

● 移动调整摄像机,直到屏幕被卡片完全填满。

● 调整手动白平衡(不同的机器调整方法不同,可参阅说明书,一般是按住手动白平衡钮1—2秒系统提示完毕即可)。也可从探视镜观察卡片的颜色,同时改变图像的红色或蓝色状况等级,直到探视镜中的白色卡片看起来和它的真正颜色一样为止,以达到最好的效果。

3.5.3　镜头的编排

数字视频编码过程是把帧之间的变化记录下来,编码器把运动理解为变化,任何运动都将被编码。如果帧之间运动越多,帧之间可共享的信息就越少,编码的效率和质量就会降低。因此镜头的运用中必须尽量减少不必要的运动。

为了避免不必要的抖动,三脚架的使用必不可少,尤其是在光线昏暗和拍夜景的情况下,三脚架的作用就更加明显。光学稳定功能不能够完全补偿摄像机的抖动,因为内置的防抖动传感器能够觉察到轻微的震动,并且在保持最佳分辨和聚焦的情况下,由摄像机的电机驱动系统自动补偿不稳定的部分。

同样的,摄像机的圆周运动、斜坡运动和缩放操作等也应尽量避免。

4　文件传输

4.1　应用层网络协议应用

4.1.1　互联网

互联网有客户端和服务器。

客户端是一个需要某些资源的程序,而服务器则是提供这些的程序。一个客户端可以向许多不同的服务器请求。一个服务器也可以向多个不同的客户端提供服务。协议是客户端请求服务器和服务器如何应答请求的各种方法的定义。互联网客户端又可称为浏览器。

客户端的任务是：

①帮助你制作一个请求（通常在单击某个链接点时启动）。

②将你的请求发送给某个服务器。

③通过对直接图像适当解码，呈交 HTML 文档和传递各种文件给相应的"观察器"（Viewer），把请求所得的结果报告给你。

服务器的任务是：

①接受请求。

②请求的合法性检查，包括安全性屏蔽。

③针对请求获取并制作数据，包括 Java 脚本和程序、CGI 脚本和程序、为文件设置适当的 MIME 类型来对数据进行前期处理和后期处理。

④把信息发送给提出请求的客户端。

4.1.2　电子邮件

电子邮件的工作过程遵循客户—服务器模式。

每份电子邮件的发送都要涉及发送方与接收方，发送方式构成客户端，而接收方构成服务器，服务器含有众多用户的电子信箱。发送方通过邮件客户程序，将编辑好的电子邮件向邮局服务器（SMTP 服务器）发送。邮局服务器识别接收者的地址，并向管理该地址的邮件服务器（POP3 服务器）发送消息。邮件服务器将消息存放在接收者的电子信箱内，并告知接收者有新邮件到来。接收者通过邮件客户程序连接到服务器后，就会看到服务器的通知，进而打开自己的电子信箱来查收邮件。

通常互联网上的个人用户不能直接接收电子邮件，而是通过申请 ISP 主机的一个电子信箱，由 ISP 主机负责电子邮件的接收。一旦有用户的电子邮件到来，ISP 主机就将邮件移到用户的电子信箱内，并通知用户有新邮件。因此，当发送一条电子邮件给另一个客户时，电子邮件首先从用户计算机发送到 ISP 主机，再到互联网，再到收件人的 ISP 主机，最后到收件人的个人计算机。

4.1.3　即时通讯

即时通讯的出现和互联网有着密不可分的关系，从技术上来说，即时通讯完全基于 TCP/IP 网络协议族实现，而 TCP/IP 协议族是整个互联网得以实现的技术基础。它必须遵循这些基本原理和结构。

首先，用户 A 输入自己的用户名和密码登录即时通讯服务器，服务器通过读取用户数据库来验证用户身份，如果用户名、密码都正确，就登记用户 A 的 IP 地址、IM 客户端软件的版本号及使用的 TCP/UDP 端口号，然后返回用户 A 登录成功的标志，此时用户 A 在 IM 系统中的状态为在线（Online Presence）。

其次,根据用户 A 存储在 IM 服务器上的好友列表(Buddy List),服务器将用户 A 在线的相关信息发送到也同时在线的即时通讯好友的 PC 机,这些信息包括在线状态、IP 地址、IM 客户端使用的 TCP 端口(Port)号等,即时通讯好友 PC 机上的即时通讯软件收到此信息后将在 PC 桌面上弹出一个小窗口予以提示。

第三步,即时通讯服务器把用户 A 存储在服务器上的好友列表及相关信息回送到他的 PC 机,这些信息包括在线状态、IP 地址、IM 客户端使用的 TCP 端口(Port)号等信息,用户 A 的 PC 机上的 IM 客户端收到后将显示这些好友列表及其在线状态。

接下来,如果用户 A 想与他的在线好友用户 B 聊天,他将直接通过服务器发送过来的用户 B 的 IP 地址、TCP 端口号等信息,直接向用户 B 的 PC 机发出聊天信息,用户 B 的 IM 客户端软件收到后显示在屏幕上,然后用户 B 再直接回复到用户 A 的 PC 机,这样双方的即时文字消息就不通过 IM 服务器中转,而是通过网络进行点对点的直接通讯,这称为对等通讯方式(Peer To Peer)。在商用即时通讯系统中,如果用户 A 与用户 B 的点对点通讯由于防火墙、网络速度等原因难以建立或者速度很慢,IM 服务器还提供消息中转服务,即用户 A 和用户 B 的即时消息全部先发送到 IM 服务器,再由服务器转发给对方。早期的 IM 系统,在 IM 客户端和 IM 服务器之间通讯采用 UDP 协议,UDP 协议是不可靠的传输协议,而在 IM 客户端之间的直接通讯中,采用具备可靠传输能力的 TCP 协议。随着用户需求和技术环境的发展,目前主流的即时通讯系统倾向于在即时通讯客户端之间、即时通讯客户端和即时通讯服务器之间都采用 TCP 协议。

4.1.4 文件传输协议

文件传输协议 FTP 是 TCP/IP 的一种具体应用,它工作在 OSI 模型的第七层,TCP 模型的第四层上,即应用层,使用 TCP 传输而不是 UDP。这样 FTP 客户在和服务器建立连接前就要经过一个被广为熟知的"三次握手"的过程。它带来的意义在于客户与服务器之间的连接是可靠的,而且是面向连接,为数据的传输提供了可靠的保证。

FTP 并不像 HTTP 协议那样,只需要一个端口作为连接(HTTP 的默认端口是 80,FTP 的默认端口是 21),FTP 需要 2 个端口,一个端口是作为控制连接端口,也就是 21 这个端口,用于发送指令给服务器以及等待服务器响应;另一个端口是数据传输端口,端口号为 20(仅 PORT 模式),是用来建立数据传输通道的,主要有 3 个作用:

- 从客户向服务器发送一个文件。
- 从服务器向客户发送一个文件。
- 从服务器向客户发送文件或目录列表。

FTP 有两种使用模式:主动和被动。主动模式要求客户端和服务器端同时打开并且监听一个端口以建立连接。在这种情况下,客户端由于安装了防火墙会产生一些问题。所以,创立了被动模式。被动模式只要求服务器端产生一个监听相应端口的进程,这样就可以绕过客户端安装了防火墙的问题。

一个主动模式的 FTP 连接建立要遵循以下步骤：

①客户端打开一个随机的端口（端口号大于 1024，在这里，我们称它为 x），同时一个 FTP 进程连接至服务器的 21 号命令端口。此时，源端口为随机端口 x，在客户端，远程端口为 21，在服务器。

②客户端开始监听端口（x + 1），同时向服务器发送一个端口命令（通过服务器的 21 号命令端口），此命令告诉服务器客户端正在监听的端口号并且已准备好从此端口接收数据。这个端口就是我们所知的数据端口。

③服务器打开 20 号源端口并且建立和客户端数据端口的连接。此时，源端口为 20，远程数据端口为（x + 1）。

④客户端通过本地的数据端口建立一个和服务器 20 号端口的连接，然后向服务器发送一个应答，告诉服务器它已经建立好了一个连接。

大多数最新的网页浏览器和文件管理器都能和 FTP 服务器建立连接。这使得在 FTP 上通过一个接口就可以操控远程文件，如同操控本地文件一样。这个功能通过给定一个 FTP 的 URL 实现，形如 ftp:// < 服务器地址 >（例如，ftp://ftp. gimp. org）。是否提供密码是可选择的，如果有密码，则形如 ftp:// < login > : < password > @ < ftpserveraddress >。大部分网页浏览器要求使用被动 FTP 模式，然而并不是所有的 FTP 服务器都支持被动模式。

4.1.5　X 窗口系统

X 窗口系统（X Window System，也常称为 X11 或 X）是由 3 个相关的部分组合起来的。

（1）Server（服务端）

Server 是控制显示器和输入设备（键盘和鼠标）的软件。Server 可以创建视窗，在视窗中绘图和文字，回应 Client 程序的"需求"（Requests），但它不会自己完成，只有在 Client 程序提出需求后才完成动作。

每一套显示设备只对应唯一的 Server，而 Server 一般由系统供应商提供，通常无法被用户修改。对操作系统而言，Server 只是一个普通的用户程序而已，因此很容易更换新版本，甚至更换成第三方提供的原始程序。

（2）Client（客户端）

Client 是使用系统视窗功能的一些应用程序。在 X 下的应用程序称作 Client，原因是它是 Server 的客户，要求 Server 回应它的请求完成特定动作。

Client 无法直接影响视窗行为或显示效果，它们只能送一个请求（Request）给 Server，由 Server 来完成这些的请求。典型的请求通常是"在某个视窗中写 'Hello World' 的字符串"，或者从 A 到 B 划一条直线。

Client 的功能大致可分为两部分：向 Server 发出"需求"只是它的一部分功能，其他的功能是为用户执行程序而准备的。例如输入文字信息、作图、计算等。通常，Client 程序的这一部分是和 X 独立的,它对于 X 几乎不需要知道什么。通常,应用程序(特别是指大型的标准绘图软件、统计软件等)对许多输出设备具有输出的能力,而在 X 视窗中的显示只是 Client 程序许多输出中的一种,所以,Client 程序中和 X 相关的部分只占整个程序中很小的一部分。

用户可以通过不同的途径使用 Client 程序:通过系统提供的程序使用;通过第三方的软件使用;或者用户为了某种特殊应用而自己编写的 Client 程序来使用。

(3)C/S(客户端/服务端)的概念

第一次接触 X Window 系统的用户很容易混淆 X Window 系统中的 C/S 的概念,他们会认为 X Window 下的 C/S 的概念与一般网络中的 C/S 的概念不完全相同。通常的解释中,用户利用客户端,使用远程服务端提供的文件或显示服务,而在 X Window 下,用户使用 X 服务端进行操作,而客户端可以运行在本地或者远程电脑上。

如果进一步理解,就会了解 C/S 的概念指的是具体运行的进程,而非电脑或用户。与用户联系最密切的主机不一定就是客户端,而是首先要明确服务资源,然后以资源提供者和资源使用者来区分。在通常的 C/S 应用中,一般是客户端直接面向用户,因此就容易混淆概念,以为是以用户为中心来区分客户端和服务端的。

但在 X Window 下,服务资源为 X 服务端的显示提供处理能力,X 客户端用于显示图形图像,但它不能直接控制显示设备,只能使用用户面前的 X 服务端提供的显示资源。同样它也不能接受用户输入,也只能使用 X 服务端控制的键盘或鼠标接受输入。在这里,X 服务端控制硬件的运行状况,X 客户端只是单纯的执行程序,只能使用 X 服务端提供的服务进行输入输出。

X 服务端(X Server)是一个管理显示的进程,必须运行在一个有图形显示能力的主机上。理论上,一台主机上可以同时运行多个 X 服务端,每个 X 服务端能管理多个与之相连的显示设备。

X 客户端(X Client)是一个使用 X Server 显示其资源的程序,它与 X 服务端可以运行在不同主机上。

X 协议(X Protocol)是 X 客户端和 x 服务端进行通信的一套协定,X 协议支持网络,能在本地和网络中实现这个协议,支持的网络协议有 TCP/IP, DECnet 等。

4.1.6 电子邮件协议

SMTP 协议是 TCP/IP 协议族中的一员,主要对如何将电子邮件从发送方地址传送到接收方地址,也即是对传输的规则做了规定。SMTP 协议的通信模型并不复杂,主要工作集中在发送 SMTP 和接收 SMTP 上:首先针对用户发出的邮件请求,由发送 SMTP 建立一条连接到接收 SMTP 的双工通讯链路,这里的接收 SMTP 是相对于发送 SMTP 而言的,实际上它既可以是最终的接收者也可以是中间传送者。发送 SMTP 负责向接收 SMTP 发送 SMTP 命令,而接收 SMTP 则负责接收并反馈应答。

SMTP 协议在发送 SMTP 和接收 SMTP 之间的会话是靠发送 SMTP 的 SMTP 命令和接收

SMTP 反馈的应答来完成的。在通讯链路建立后,发送 SMTP 发送 MAIL 命令指令邮件发送者,若接收 SMTP 此时可以接收邮件则作出 OK 的应答,然后发送 SMTP 继续发出 RCPT 命令以确认邮件是否收到,如果接收到就作出 OK 的应答,否则就发出拒绝接收应答,但这并不会对整个邮件操作造成影响。双方如此反复多次,直至邮件处理完毕。

4.2 网络数据验证

数据验证是网络应用软件从客户端接收数据的重要步骤,所有从用户或其他设备接收数据的代码部分都需要验证。主要验证 HTTP 头部、cookies、session、查询字符串、表格字段、隐藏字段等。在使用客户数据前需要确保其符合预期的格式。

不验证数据,容易导致 Web 应用出现多种漏洞,比如:SQL 注入攻击,命令注入攻击,跨站点脚本攻击,编码攻击,文件系统攻击和缓冲区溢出。

验证策略:

• 接受正确的数据:如果知道某个数据的所有特点,就可以只接受具有所有这些特点的数据。比如对手机号码的验证就可以使用本方法。

• 拒绝错误的数据:如果知道具有某些特点的数据是错误的,就可以明确拒绝具有这些特点的数据。

• 规范化数据:对数据进行分析,去掉有问题的部分,并进行适当的修改和转换,从而将其转化为正确的数据。

• 不作验证数据:万不得已才不验证数据。

验证方法:

• 检查数据类型。

• 检查字符型数据的长度范围。

• 检查数值型数据的大小范围。

• 验证数据来源,防止跨站攻击(也可以在 APACHE 配置文件里面做)。

• 过滤掉下面的特殊字符或为其编码。

表 6 过滤字符表

字符	编码
〈	&lt 或 &#60
〉	&gt 或 &#62
&	&amp 或 &#38
"	&quot 或 &#34
'	&#39
(	&#40
)	&#41
#	&#35
%	&#37
;	&#59
+	&#43
-	&#45

● 尽可能使用存储过程操作后台数据库。

● 在生成 SQL 语句的地方：

a. 过滤掉输入变量中的双引号和单引号；

b. 过滤常用 sql 关键字；

c. 对于数值型字段变量,验证其值确实是数字。

● 适当使用图片验证。

● 验证数据操作的权限。

在网络应用程序中,您可以选择使用特定平台的工具,比如 ASP. NET、JSP 等,或者可以利用客户端 JavaScript 的优势,JavaScript 中的正则表达式可以简化数据验证的工作。

通常对于一般的 Web 应用程序,都是自己写验证,输入用户名和密码,然后到数据库去验证,然后返回。但是对于安全性要求较高的应用,自己写的安全验证则会出现考虑较不周之处,这时最好使用安全框架。数据验证有数百项专利技术,Web 应用程序可根据自身需要,使用相应的专利技术产品。

4.3 文本传输

4.3.1 文本传输推荐格式
文本传输推荐格式:TXT、PDF、XML。

4.3.2 一般规则
文本文件传输格式与存储格式一致。建议文本文件压缩后传输。

4.3.3 文本传输与二进制传输

无论是文本传输还是二进制传输,其实均是将被传输对象转化为二进制字节进行传输的,均是需要有一定的编码方式。

文本方式和二进制方式的区别是回车换行的处理,二进制方式不对数据执行任何处理,文本方式将回车换行转换为本机的回车字符,比如 Unix 下是\n,Windows 下是\r\n,Mac 下是\r。

当需要被传输的数据需要在多个操作系统打开,且不同的操作系统的默认编码解码解析字符集不同时,要用文本文件传输。可执行文件,图片文件等必须要对换行符进行重新解析的数据使用二进制传输。

4.4 图像传输

4.4.1 图像传输推荐格式

图像传输推荐格式:BMP、JPG2000、JPG(JPEG)、GIF、TIFF、PDF。

4.4.2 一般规则

用于传输的图像文件按应用分为两个级别:专家访问级和一般浏览级。专家访问级别用字母 P 表示;一般浏览级别用字母 D 表示。

专家访问级图像文件应基本保持原件的全貌,与原件无本质差异,用于高级阅读,其通过从保存级图像文件转换获得,无本质差异指满足原件的风格和特色;一般浏览级图像文件应基本反映原件的全貌,以基本保持原件特征的最低条件为准,用于普通阅读,其通过从保存级图像文件转换获得,基本保持原件特征指满足原件的主要风格和特色。

4.4.3 图像传输速度

目前大多数网络加速技术都使用压缩算法来减少网络通讯总量,而文献扫描图像是不可压缩数据,通过压缩技术不能减少总通讯量。提高图像传输速度的有效方法是对图像进行处理,在满足要求的前提下,降低图像的存储空间,如将文献的扫描图像底色归一化。

4.5 音频传输

4.5.1 音频传输推荐格式

音频传输推荐格式:MP3、AAC。

4.5.2 一般规则

使用级音频文件为音频传输格式文件。使用级音频文件采用压缩方式存储。

4.6 视频传输

4.6.1 视频传输推荐格式

视频传输推荐格式:AVI、MOV、FLV、MP4、3GP、MPEG、MPEG－2、PS/TS。

4.6.2 一般规则

使用级视频文件为视频传输格式文件。使用级视频文件根据传输介质不同采用相应的格式传输：DVD 采用 AVI、MOV、MPEG-2、PS/TS 流；VCD 采用 AVI、MPEG、PS/TS 流；手机、网络采用 FLV、MP4、3GP。

手机上的视频一般通过转换软件压缩获得。

5　全文显示

5.1　字符显示

全文显示过程中，客户端的用户会遇到集外字问题，主要处理两种情况：互联网和局域网。

5.1.1　互联网

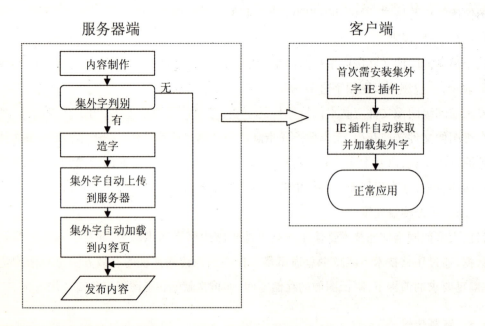

集外字显示处理有六个步骤：

（1）集外字提交：内容制作遇到集外字时，统一提交到集外字处理中心。

（2）确认：集外字处理中心确认。

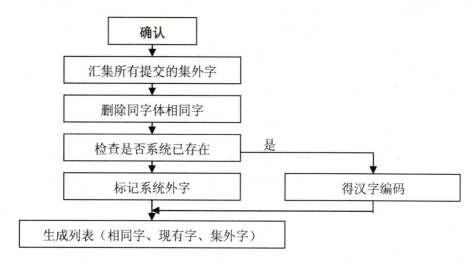

（3）造字：造字人员造出集外字。

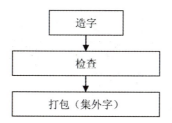

（4）上传：将集外字包上传到服务器。

（5）Web 端加载：Web 端集外字处理器自动将集外字加载到内容页或网页中。

（6）客户端加载：客户端 IE 插件自动获取并加载集外字到本地的操作系统中。

5.1.2 局域网

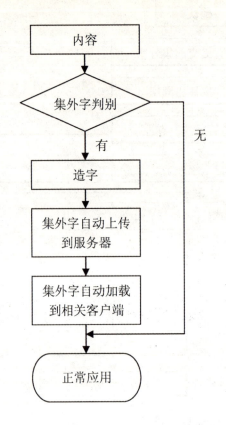

5.2 显示方式

数字化全文的显示方式有三种：全文版式还原、纯文本和图像。

(1)图像：只将原件扫描形成数字化图像是花费最少的一种数字化方式，但因为不能检索使得浏览不方便。一般情况下要对目录和书目元数据数字化，以便浏览时可以快速找到该种文献和对应的章节。

(2)纯文本：纯文本数字化分为两类，一是精加工，精加工的内容错误率一般为1‰—6‰；另一个是机加工，机加工的内容错误率为1‰—1%。

精加工要求正确率高，需要大量人工校对，数字化费用相对较高（费用与版式还原相当）。它主要用于版式信息不重要的内容加工，如：报纸、期刊、杂志等。

机加工主要由计算机完成，数字化费用极低。适用于近、现代印刷文献。随着OCR技术的发展，机加工被越来越广泛的采用，机加工和OCR技术的对比如下：

● 成本：对于现代和近代印刷文献，目前OCR技术识别正确率在85%以上，结合中文自然语言理解，将错误率控制在1‰—1%只需要增加很少的费用。

● 与扫描图像结合浏览：1‰—1%的错误率基本上不影响检索，浏览时显示原图像，机加工内容不显示,"衬"于背面,用于检索和复制粘贴。文献浏览的效果与版式还原相比基本上没有差别。

● 检索:能够提供内容检索。

● 前景:随着 OCR 技术和中文自然语言理解理论的发展,机加工在基本没有人工干预的前提下,错误率将会小于 1%,这将大大加快中文文献数字化的步伐。

(3)全文版式还原:能够完全再现原版式的风格和特色,但数字化费用高,需要有统一的全文版式还原数字化文件规范和相应技术的软件支撑。

5.3 系统外字编码统一问题

目前没有统一的外字管理系统,不同单位均自定义系统外字编码,即使相同单位也可能出现不同的自定义外字库包,不可避免地造成外字的混乱。这就要求对系统外字进行统一的处理。

通常处理的方法有两种:

①将所有外字统一编码;

②采用多页面字符编码处理技术。

5.3.1 外字统一编码

采用将所有外字统一编码,会带来巨大的工作量,又因为自定义区编码空间有限,带来技术上处理的难度。这种方法虽然能是从根本上解决系统外字编码统一问题,但目前在实际应用中很难操作。

主要环节包括:需要将外字存放在四字节用户自定义区;需要专用的输入法;需要独立的系统来浏览、检索和打印。

目前,新闻出版总署《中华字库》项目采用此方法。

此方法最大的优点是符合标准。未来 10 年,当操作系统支持所有 4 字节字符时,所有数据全部支持国际标准,应用问题迎刃而解。

5.3.2 多页面字符编码处理技术

多页面字符编码处理技术允许一个码位代表不同的字,通过不同的层面来输出汉字。举例说,一个码位存放了三个不同的字,第一个层面的字的字体定义为"外字字体 1";第二个层面的字的字体定义为"外字字体 2";第三个层面的字的字体定义为"外字字体 3",在显示时,以 Word 为例,只要每个字的字体选择是正确的,那么,整篇文档的显示均是正确的。这种方法只能完成汉字的输出和显示,检索不完全正确,而且,对这些字的处理往往要依赖于独立的系统。

多页面字符编码处理技术是《超大型汉字信息处理装置及方法》专利中的一项技术,它不仅提供了一种在小的编码空间里正确输出和显示大字符集字符的方法,而且可以保证检索完全正确。该项技术的核心是不仅仅由编码确定一个汉字,而且要附带该字的字体信息,这样包括进行拷贝、粘贴、检索的动作的操作也参与保证其正确性。

应用示例:以国家图书馆"中文文献全文版式还原与全文输入 XML 规范"应用为例,在数字化过程中,先将系统外字库包的字体定义为"外字字体1",对应的 XML 文档中的系统外字字体定义为"外字字体1",当这个外字造字编码空间(用户自定义区)已满时,再定义"外字字体2",重新开始使用所有造字编码空间,以此类推。应用数字化结果 XML 时,若将其转换成PDF,不会有任何问题;若一个应用系统来显示数字化结果 XML 时,该系统一般会考虑字体,不会出现显示问题,但是,若要拷贝、粘贴和检索,就需要该系统做一些多页面处理的工作。

在互联网中客户端中如何显示多页面汉字是字库下载问题,与多页面字符编码处理技术并无关联。具体参见本部分5.4节。

5.3.3　表意文字描述序列(Ideographic Description Characters,IDS)

Unicode 表意文字描述序列理论上可以描述任意一个系统外字,而且该外字不占用系统码位。这也是处理系统外字的一种方法。

微软浏览器 IE8 及以上版本已经可以显示使用 IDS 描述的汉字,但是,不能拷贝、粘贴和检索。

5.4　外字下载

人们在浏览 Internet 时,经常发生浏览器无法正常显示页面中的特殊文字或者外字的情况,这是由于用户端与服务器端安装的字型不一致所造成的。

推荐使用"网页字体嵌入技术",该技术包括:

(1)对 HTML 文件中的字符进行分析,找出网页中的系统外字,生成该网页系统外字的字库包。

(2)将网页中的系统外字字库包嵌入网页。

(3)客户端安装一个插件,称为外字处理器,它能自动地读取嵌入在网页中的系统外字字库包,并将字库包中的外字加载到本机的操作系统中。

(4)客户端的浏览器就可以读取网页,正常显示字型和文本。

后　记

　　计算机中文信息处理规范是国家数字图书馆工程标准规范研制的一部分,是汉字规范处理项目中的子项目。计算机中文信息处理规范是确保数字图书馆工程建设的重要手段之一。针对数字图书馆文献类型复杂,使用汉字字符数量大等特点,计算机中文信息处理规范要求处理的汉字范围为 GB 18030—2005(UNICODE、ISO 10646—2003)所包括的全部汉字。计算机中文信息处理规范的基本内容是对文件格式、存储格式、传输格式、检索处理能力、全文显示能力的规范等。计算机中文信息处理规范为文件格式提供规范;为存储格式提供规范;为传输格式提供规范;为检索提供规范;为全文显示提供规范;为文献排序提供规范;为资源的可交互性、未来全文资源的可挖掘性进行规范。计算机中文信息处理规范是数字图书馆中文信息处理的基础,是汉字信息处理系统的一个重要组成部分,可以使计算机处理中文信息的功能更为齐全,提高效率,促进标准化。对计算机中文信息处理规范的研究和利用是中文信息处理技术不断深入发展以及数字图书馆深入应用的必然结果。

　　2006 年 4 月国家图书馆专门成立了计算机中文信息处理规范子项目组,项目组组长:翟喜奎;成员:富平、毛雅君、胡昱晓、李杉、赵悦。2007 年 12 月,完成技术需求书。2008 年 2 月 22 日,委托采购中心进行竞争性谈判。北京中易中标电子信息技术有限公司凭借其在中文信息处理和古籍数字化研究与开发方面的成熟经验与良好基础,通过竞争成为项目研制单位。双方于 2008 年 3 月 28 日签订合同。

　　根据项目需求,项目研制单位对国内外中文信息处理的历史与现状进行了广泛深入的文献调查,在分析、梳理的基础上,提出了针对计算机中文信息处理规范的研发思路;在国家图书馆子项目组的协助下,研制单位赴国家图书馆进行了现场调研,了解国家图书馆各类型数字资源、各环节业务流程的基本情况,分析国家数字图书馆资源建设、服务与管理的特点与特色,以便有针对性地研制国家图书馆计算机中文信息处理规范,使其更好地符合国家图书馆数字资源建设的实际需要。2008 年 7 月 31 日研制单位首次提交研制成果。随后,国家图书馆子项目组与项目研制单位又经过多次沟通,对成果进行了反复修改,最终形成了国家图书馆计算机中文信息处理规范及其相关文件。2009 年 3 月该规范通过项目组验收,2011 年 3 月通过馆内专家验收,2011 年 6 月 22 日至 7 月 5 日进行网上公开质询,2011 年 8 月通过业界专家验收,至此该项目全部完成。

　　本书是国家图书馆计算机中文信息处理规范的研究成果集成。由北京中易中标电子信息技术有限公司蒋贤春、郑珑、蓝德康、朱人杰、蓝飞、谢术清、郭胜霞、张秀欣撰写,国家图书馆翟喜奎、富平、毛雅君、胡昱晓、李杉、赵悦多次对全稿进行审查,提出修改意见,并参与修改。

　　在规范的研制过程中,得到了国家图书馆汪东波、申晓娟、苏品红、李春明、周晨、龙伟、李志尧等专家、同仁的大力支持与多方帮助;得到中华书局张力伟,中国科学院软件中心张向阳,北京师范大学文学院李国英,北京大学数据分析研究中心李铎,清华大学图书馆张成昱等专家的多方帮助,在此致以诚挚的谢意。

国家图书馆出版社已出相关书目

书名	编著者	出版时间	定价
国家数字图书馆工程标准规范成果			
计算机中文信息处理规范和应用指南	蒋贤春,翟喜奎主编	2012 – 11	58.00
网络环境下的知识组织规范及应用指南	王军,卜书庆主编	2012 – 09	58.00
国家图书馆文本数据加工标准和操作指南	龙伟,罗云川主编	2012 – 08	35.00
国家图书馆视频数据加工标准和操作指南	朱强,张春红,龙伟主编	2011 – 12	35.00
国家图书馆音频数据加工标准和操作指南	朱强,张春红,龙伟主编	2011 – 12	35.00
国家图书馆图像数据加工标准和操作指南	朱强,张春红,龙伟主编	2011 – 12	58.00
国家图书馆元数据应用总则规范汇编	肖珑,申晓娟主编	2011 – 06	58.00
古籍用字(包括生僻字、避讳字)属性字典规范和应用指南	张力伟,翟喜奎主编	2010 – 10	35.00
汉字属性字典规范和应用指南	张力伟,翟喜奎主编	2010 – 10	35.00
国家图书馆数字资源唯一标识符规范和应用指南	孙坦,宋文,贺燕主编	2010 – 10	35.00
国家图书馆管理元数据规范和应用指南	郑巧英,王绍平,汪东波主编	2010 – 10	58.00
中文文献全文版式还原与全文输入 XML规范和应用指南	蒋贤春,翟喜奎主编	2010 – 10	58.00
图书馆数字资源统计标准和应用指南	吕淑萍,罗云川主编	2010 – 08	58.00
国家图书馆重大科研项目研究成果			
社会公共服务体系中图书馆的发展趋势、定位与服务研究	柯平等著	2011 – 05	70.00
国家图书馆数字战略研究	《国家图书馆数字战略研究》课题组著	2011 – 03	60.00
基层图书馆实务丛书			
基层图书馆参考服务概论	卓连营编著	2012 – 07	36.00
基层图书馆公益讲座	王惠君主编	2011 – 04	35.00
基层图书馆信息资源建设与服务	屈义华主编	2011 – 04	35.00
基层图书馆自动化网络化建设	甘琳编著	2010 – 11	35.00
基层图书馆的农村服务工作	王效良著	2010 – 11	35.00
公共图书馆概论	汪东波主编	2012 – 05	96.00
数字图书馆理论与实务	魏大威主编	2012 – 03	96.00
图书馆战略规划流程研究	赵益民著	2011 – 05	49.00
公共图书馆的未成年人服务研究	潘兵,张丽,李燕博著	2011 – 04	35.00
中国图书馆年鉴 2011	中国图书馆学会,国家图书馆编	2011 – 12	320.00